敏捷测试
从零开始

陈霁 王富 武夏◎编著

清华大学出版社

北京

内 容 简 介

本书针对当前正在进行敏态化交付的团队,围绕敏捷思想,以测试的角度、从零开始构建知识体系,讲解如何做到高质量交付。从质量视角构建基于敏捷理念的全面认知并从基本框架体系跳出构建敏捷思想的质量交付能力,为进一步提高研发效能提供支撑。

本书共 11 章,从敏捷理念到优化交付目标,以 Scrum 体系为基础,详细介绍看板、用户故事地图、故事实例化、分层自动化体系等,助力个人和团队搭建完整的敏捷交付能力,构建以业务价值为目标,以高质量快速交付为团队价值,从而构建统一认知。

本书不但适用于测试团队,而且适用于敏捷团队中的各个角色互相了解工作内容及知识体系。

图书在版编目(CIP)数据

敏捷测试从零开始/陈霁,王富,武夏编著.—北京:清华大学出版社,2022.4
ISBN 978-7-302-60089-3

Ⅰ.①敏…　Ⅱ.①陈…②王…③武…　Ⅲ.①软件开发—程序测试　Ⅳ.①TP311.55

中国版本图书馆 CIP 数据核字(2022)第 018724 号

责任编辑:赵佳霓
封面设计:刘　键
责任校对:李建庄
责任印制:丛怀宇

出版发行:清华大学出版社
　　　网　　　址:http://www.tup.com.cn,http://www.wqbook.com
　　　地　　　址:北京清华大学学研大厦 A 座　　邮　　编:100084
　　　社 总 机:010-83470000　　　　　　　　 邮　　购:010-62786544
　　　投稿与读者服务:010-62776969,c-service@tup.tsinghua.edu.cn
　　　质量反馈:010-62772015,zhiliang@tup.tsinghua.edu.cn
　　　课件下载:http://www.tup.com.cn,010-83470236
印 装 者:三河市少明印务有限公司
经　　销:全国新华书店
开　　本:186mm×240mm　　印　张:15.25　　　　字　　数:305 千字
版　　次:2022 年 6 月第 1 版　　　　　　　　　 印　　次:2022 年 6 月第 1 次印刷
印　　数:1~2000
定　　价:69.00 元

产品编号:092666-01

赞　誉

这是一本通俗易懂且内容丰富的测试入门图书。通过由浅入深、层层递进的方式剖析了测试在敏捷的环境中如何进行。本书非常适合刚入门的测试人员及想了解敏捷环境下如何开展测试的同行阅读。

——陈晓鹏　测试、敏捷及 DevOps 专家

就潮流而言，敏捷已被行业普遍接受，敏捷教练的招聘从 10 年前的凤毛麟角到现在成为规模以上企业的标配即是证明，然而在实践层面，个人如何在敏捷大潮中安身立命乃至修齐治平，仍远未明朗。陈霁老师的这本《敏捷测试从零开始》，从自身多年的行业经验出发，结合敏捷测试实践，为测试人员拥抱敏捷提供了路径。书中既有测试人员需要掌握的敏捷要素，也包含作者的亲身尝试与心路历程，深入浅出又鞭辟入里，是不可多得的测试人员敏捷知识体系实战入门书。

——王国良　真北敏捷社区发起人、广发银行高级敏捷教练

随着敏捷软件开发越来越流行，敏捷测试势在必行。本书以大量的示例尽可能地展示了敏捷测试的全貌，让读者可以通过示例轻松地从零开始学习敏捷测试。

——刘冉　Thought Works 首席测试与质量咨询师

本书不局限于讨论敏捷（如 Scrum）、DevOps 下的软件测试体系，还扩展到什么是敏捷、看板、研发效能度量和价值交付等众多主题的讨论，让读者更好地理解敏捷测试，也正如本书书名《敏捷测试从零开始》所彰显的，循序渐进，渗透到敏捷研发的每个角落。本书的另一个显著特点就是通俗易懂、文字幽默，善于使用隐喻手法，用日常生活中发生的事来解释软件研发中难以理解的术语，如展现"读大学、结婚、生子、带孩子、等死"这样瀑布模式的人生规划所存在的问题，让读者看到软件研发中瀑布模式的问题。相信读者能轻松阅读本书，喜欢本书。

——朱少民　《全程软件测试》《敏捷测试》作者

测试难，敏捷更难，敏捷测试不是一般的难！敏捷测试一直以来就是仁者见仁、智者见

智,极难用一句话说清。目前能在敏捷环境下做好测试工作的,都是百战余生的"老司机"。陈霁老师身经百战,他的新书《敏捷测试从零开始》集自身工作实践和培训、咨询心血,从业界面临的问题入手,以测试和敏捷的理论为依据,深入浅出地讲述了敏捷测试如何从上手到深入。尤其是结合了 Scrum 和 DevOps,给出了在 Scrum 框架下和 DevOps 环境中如何做好测试这两个业界的老大难问题。最后还为管理层给出了基于量化的工程效能管理专题。整本书特别适合在当前敏捷与 DevOps 环境下有所追求的工程师及技术管理者阅读,是快速提升自身及团队绩效的一部宝典!

——陈飞　独立敏捷教练、质量教练、敏捷测试先行者、敏捷直播节目《破马张飞》联合创始人

陈霁专注测试近 20 年,这份坚持和决心令人心生敬意。舍九取一,力出一孔。无论是做测试还是写书,都要耐得下心,专注投入,经年累月地积累和精进,不断地挑战并突破自我,这样才能得以修成正果。《敏捷测试从零开始》正是集陈霁多年实战经验汇聚的产出。有了这本书,你不必从零开始构建自己的敏捷及测试领域知识体系。敏捷与 DevOps 步入深水区,测试是绕不过去的主题,本书深入浅出地介绍了敏捷与 DevOps 的内容结构,结合测试进行落地,值得放在案头、手边随时翻看。

——姚冬　华为云应用平台部首席技术布道师

陈霁老师的《敏捷测试从零开始》一书,适合每一位想要了解敏捷测试的同学学习,学完之后可以对整个敏捷测试有一个清晰的了解。陈霁老师一贯以幽默风趣接地气的方式,深入浅出地讲述敏捷和 DevOps 中与测试相关的理论和实践,包括如何针对用户故事进行需求实例化、如何通过看板管理测试过程、基于 Scrum 的测试体系等。随着时代的发展,对测试的要求越来越高,当你在测试的道路上不知道下一步该怎么走时,当你做 CI/CD 无法落地时,当你想做敏捷转型时,都可以在这本书中找找答案,它可以给你启发,帮助你找到敏捷测试的方法。

——蒋晓娴　阿里巴巴云效技术专家

目前很多企业都在经历着敏捷和 DevOps 转型。敏捷测试作为转型中的核心元素,成为最近几年非常火的题目。本书作者有着近 20 年的大型企业敏捷和测试实战经验。本书通过将敏捷测试落地实践及通俗易懂地描述和讲解,对于想了解 DevOps 方法论下如何敏捷地进行持续测试,以及学习其完整体系的读者会起到很好的指导意义。

——周纪海　前腾讯云 CODING DevOps 首席技术布道师、汇丰软件投行部 DevOps 负责人

在过去短短的几十年时间里,新技术的应用以前所未有的速度在改变甚至颠覆人类的生活方式、商业模式甚至对世界的认知：人与人彼此之间的沟通从鸿雁传书演进到了电报,从电话到今天的永不下线的微信；只有古代帝王家才可以享受的"一骑红尘妃子笑,无人知是荔枝来。"到现在 2h 内送货的 7Fresh 生鲜；农业时代自给自足的男耕女织,到现在无所不有的京东电商平台。世界在变,软件测试行业自然也要顺应这滚滚的洪流向前发展。

陈霁老师是我多年的老朋友了,他在《敏捷测试从零开始》这本书中,试图回答的就是软件测试行业的同学如何适应这股洪流,更加面向市场、客户的变化,帮助快速地组织并实现价值交付,彰显软件测试对于组织、产品的价值和贡献,适应这股洪流的方法体系就是敏捷。这是一场关于敏捷和测试联姻的盛宴,一个关于测试辅助商业价值交付的故事,一幅测试人员弄潮当代的画卷。

敏捷是一个关于价值的思想,是一个关于实现的体系。敏捷认为在当今世界,价值的源头是满足客户的需求,组织所有的行为都应以这个价值的源头为中心开展；为了实现这一思想开展行为,组织需要在行为上遵从敏捷的原则,使用敏捷的框架、方法和实践。

作为整个产品研发流程中的核心环节,如何结合敏捷的思想,实践敏捷的方法、工具来开展测试工作,是本书回答的核心问题。本书自什么是敏捷开始,逐步展开,谈及了包括用户价值、DevOps、用户故事、看板、Scrum、效能管理等敏捷应用中的重要方法和实践,并且尝试回答了测试如何与这些方法、实践结合对组织价值交付做出贡献。

本书对于测试行业的工作者探索和实践敏捷相关工作具有一定的指导和参考意义；对于计划尝试应用敏捷开展产品研发工作的组织也可以起到一定的启发和帮助作用。在这个 VUCA 的时代中,勇于挑战自我,接受新的理念；执着于持续学习,尝试新的技术；专注于客户,帮助组织实现业务价值,无疑将是任何一位测试行业工作者所需要具备的素质。我相信,陈霁老师的这本《敏捷测试从零开始》将帮助和陪伴大家更好地走在这段旅途中。

张振兴　京东集团首席架构师

随着时代的变迁,很多事情的底层逻辑正在逐渐发生变化。

一个经典的案例是商业模式的变革,早年的商业模式主要靠信息不对称来赚钱,例如你知道的我却不知道,你就有机会利用这个信息差来赚取利润,而今天最成功的商业模式却是靠打破这种信息不对称来赚钱,电商模式就是利用这个逻辑取得了空前的成功;另一个经典的案例是在字节经济时代,我们并不是像传统商业模式一样为了销售 99% 的产品去免费赠送 1% 的产品,而是为了销售 1% 的产品去免费赠送 99% 的产品。

上述底层逻辑的颠覆式变化同样也发生在软件研发领域。软件行业发展的初期,整个行业几乎被几个国际大厂垄断,业态的竞争格局是"大鱼吃小鱼",然而到了今天,"大"却成了反应迟钝、阻碍发展的代名词,很多国际大厂正在退居二线,甚至被头部玩家淘汰出局,整个业态的竞争格局也演进成了"快鱼吃慢鱼"。由此可见,"快"俨然已经成为软件研发领域的核心竞争力。

落实到工程实践的层面,"快"主要体现在各类高效研发模式的设计与应用上,高效的研发模式之间当然会有竞争关系,例如,敏捷开发的各种不同实践形态,但是高效的研发模式和低效的研发模式之间不会有竞争,只会有逐步取代。差别在于,取代的速度多快、程度多深而已。所以作为新时代的软件从业者,非常有必要深入理解并能实际运用敏捷研发体系,而对于新时代的软件测试从业者,掌握并熟练运用敏捷测试的各种实践俨然已经成为"刚需中的刚需"。

敏捷研发模式的最大特点是快速迭代,能够及时、持续地响应终端用户的频繁反馈,而敏捷测试则拥有敏捷宣言所倡导的价值观,是遵循敏捷宣言的一种测试实践。

敏捷测试强调从终端用户的角度来测试系统,重点关注持续迭代地测试新开发的功能,而不再强调传统测试过程中严格的测试阶段和各个测试阶段的测试交付。同时,敏捷测试倡导测试活动尽早介入及测试对于被测系统内部实现机制的理解,而不再是传统意义上的黑盒功能验证。可以说敏捷测试体现了基于需求测试、基于实现原理测试及基于风险测试这三者之间完美平衡的艺术。

如果你想深入理解敏捷测试的核心理念和具体的工程实践,那么本书将会是你的最佳选择之一。本书作者陈霁先生在这个领域有着多年的一线实战与教学经验,总结出来一整套敏捷测试思维和分析方法,相应的优秀实践一定会让你在黑暗中找到前行的方向,成为你在探索敏捷测试这条路上的明灯,让我们一起出发吧!

茹炳晟

腾讯 Tech Lead

腾讯研究院特约研究员

畅销书《测试工程师全栈技术进阶与实践》作者

PREFACE
前　言

　　面对当下快速变化的时代，传统的预测型软件交付模式越来越无法适应新的交付要求，而敏捷或 DevOps 转型中质量问题成为无法绕过的高墙。为什么测试团队无法在保证质量的前提下快速完成，为什么会有那么多的遗漏及缺陷问题，一直是交付团队困惑的问题，而作为专业的测试来讲，质量并不是测试团队的事情，而是整个团队的事情，从提高自身测试能力转换为与团队共同提高质量能力。

　　本书希望通过全面展开敏捷和 DevOps 体系，引出测试在这些体系下的变化及应对策略，帮助测试团队从过去传统的测试方式升级为基于敏捷体系的测试模式，从而让专业的测试人员从被动发现并提出问题逐渐转化为赋能团队，从而成为质量的预防人员，构建质量效能体系，最终达到质效合一。从强调定量交付规划的内容到强调定性交付用户的有用价值，质量保证所需要的理念、技术和文化都在不断更新，而构建具备适应变化的质量保证能力是面对未来的重要技能。

编　者

2022 年 3 月

THANKS

致　谢

　　每次到了写致谢的时候都有很多想法，特别是这本对自己很有意义的《敏捷测试从零开始》，从做性能测试到做研发效能，在学习和交付中得到了很多圈内好友的帮助，才会有 2020 年这门课程的设计开发、交付，并与几百位学员一起度过了 20 多小时的直播分享，整个课程体系参考了很多行业内高手的思想及分享，这里要特别感谢：

　　陈庆敏、陈晓鹏、汪珺、吴婷、张燎原、陈飞、吕理伟等老师（不分先后）的指导，也要感谢敏捷、DevOps 相关图书的作者，正是你们的书帮助我逐步构建了知识体系。最后感谢 PMI 和 EXIN 认证体系，在考试的那几个月能够跟着老师做沙盘、想方案，逼迫自己快速地接受新知识体系。

　　独立顾问的生活意味着经常出差、设计在线课程及交付，这意味着需要长时间安静、独立的环境，所以照顾孩子的重任都落在了爱人身上，感谢她这些年在身后默默地支撑整个家庭。

陈霁

　　首先感谢我的家人，在爱人这 8 年多的支持和帮助下，我才能有足够的时间和精力投入到自身发展中，才有能力和足够的时间完成这本书，同时和女儿的各种玩闹也给了我无限的动力。

　　然后很感谢云大（陈霁）给了我这个机会，能够和优秀的伙伴小武一起编写本书，并感谢在这过程中对我的指导与帮助。第一次写书的各种经历，让我在整个写作过程中对敏捷的认识更加深刻，希望本书上市后能和更多小伙伴一起交流学习。

　　最后感谢在这 11 年测试过程中，一路指导与帮助过我的朋友、伙伴、老师、领导，没有你们的教导、鞭策、激励，我的成长不会这么快。尤其是 2019—2021 年，领导李光磊（江楠鲜品 CIO）对我工作上管理方向的各种指导与指引；最重要的是 2020 年年底和云大的一次谈话，彻底让我的整个状态激活起来，对我的职业发展方向产生了巨大的指引与帮助。

王富

　　在软件测试行业摸爬滚打十余年，每次看着各位大神著书立说之时均无比羡慕，总梦想着有朝一日能亲身参与书籍的编写工作，那可是无比荣耀的事情。日后在晚辈的面前提及此事,也能让他们引以为豪。

梦想总是要有的,没想到这个梦想真的实现了。首先非常感谢陈霁邀请我一起参与本书的编写工作,在这一年中陈霁带我在知识的海洋中遨游,让我从职业生涯的迷茫中走出来并不断朝着自己的目标前进。

其次要感谢我的父母,是你们当年坚持让我选择了 IT 行业,如果没有你们当年的选择也就没有现在的我。

最后要感谢我的老公,是你对家庭的承担让我在加班之余有了更多的时间去参与本书的编写工作。

武夏

CONTENTS

目　　录

第 1 章

敏捷测试开篇

最近几年 IT 行业的发展越来越迅速,传统的功能测试在当下的行业中没有任何竞争优势。随着行业的发展,对测试行业的要求也越来越高,纵观近几年对测试职位的招聘要求,大多需掌握一门开发语言,会自动化测试、接口测试、性能测试等。整个测试行业的竞争越来越激烈,有想法的同学在工作和就业过程中就会感受到很大的压力,而没有想法的同学到最后终将会随波逐流地被这个社会淘汰,"内卷"成为 2020 年的热门名词之一。

10min

由此引出一个问题:"生活的苦和学习的苦,你愿意吃哪一个?"答案就是:你不能吃学习的苦,你就要吃生活的苦。而大部分人往往宁愿吃生活的苦也不愿意吃学习的苦,因为学习的苦需要自己主动承受,但是生活的苦是你停在那里不动,它也会来找你的。在这点上来讲就是与其别人逼着你跑你很累,还不如比别人跑得快点而不会被别人逼着,然后看待问题的角度和处理事情的方式就会与别人不同,优势会逐渐体现出来。

当碰到一个瓶颈的时候,实际上会意识到应该去做些事情,本质上来讲是大家寻找安全感,而安全感来自于什么呢? 第一是心态;第二是意识。

1.1 当下问题

当下大家的问题到底是什么? 从"敏捷测试从零开始"讨论群到"TestOps 架构师"VIP学员讨论群大家都对这个问题多次讨论,而不得其解。

1.1.1 追着行业,被逼着跑很累(自驱)

在群里常看到大家聊找工作很难,当前的技术能力根本跟不上行业发展的要求,这可能说的是刚毕业的同学。可是在我看来,现在找工作不是很容易吗? 现在技术明确,学习也方便,找一本教材或者视频课程学习 3 个月就能掌握了,但实际情况跟我想的不太一样。我觉得作为一个计算机专业毕业的专科生或本科生,毕业后稍微学一点代码,可能两年基本就可以上手了，懂业务、懂自动化测试技术，能够独立保证基本业务的质量，年薪也可以达到二十万的技能要求了，但实际情况不是这样的，那原因是什么呢？

可能大家当年学习不是很好，对计算机也不是很熟，代码也基本不会写，跨行业转行进入测试行业，然后做着入门的功能测试。在行业的上升中被逼着开始转学一些自动化、性能之类的技术，但在学习过程中存在一些阻碍，例如，第一，每天都在加班，工作很忙，没有时间；第二，行业变化很快，有想法但在行动上跟不上，差距越拉越大。在多次失败后，逐渐失去了想法，慢慢就彻底放弃了，跟不上行业的发展了。

其实我认为，可能所有人都会面临一个跟不上时代就可能被淘汰的问题。我经常说一句话：如果你不能吃学习的苦，就只能吃生活的苦。所以在这点上来讲就是与其别人逼着你跑你很累，还不如你比别人跑得快点。当你意识到焦虑是可控的，回头看一看别人，会发现自己的焦虑并不是无解的。

我在上课的时候常常讲芒果的故事，如果我天天追着芒果说："明天是不是要写篇文章或者要学个什么东西？"她会觉得很累很累，会觉得她的生活不是自己的，而是我逼给她的，她要去适应我给她的变化，但如果她提前做好了，说："云层，我下周准备做这些事情，并且已经完成了。我出去玩一圈，行不行？"我会说："去玩吧，没事的。"

若干年来我印象最深的是芒果跟我说："我想一个人静静，出去看一看世界。"我说："没有问题，只要你把你该做的工作完成就行。"于是，芒果就休了一个多星期的假，在云南玩了很久。

所以要问自己的工作是计划中做自己的事情，还是被逼着做没有计划的事情。很多人跟我说，当前在公司最深刻感觉到的瓶颈是：不是我没有做事，而是我在等着做事，然后领导又天天逼着我去证明我在做事情，于是大家看似在加班交付价值，实际是在找方法证明自己没"摸鱼"。这是一件很痛苦的事情，而这也是大家可能正在面临的第 1 个问题。

自驱的焦虑远比被驱的焦虑要好得多。

1.1.2　没有圈子容易自 High（意识）

焦虑往往来自于对比，当你在自己的圈子里面发现自己混得比别人好时，自然就会产生优越感。很多人在工作了大概七八年后，拿着十万左右的年薪会觉得心安理得，第一，看身边的人工资没自己高；第二，自己现在业务做得很好，熟练轻松，然后就会发自内心地觉得很自 High，而且最近几年泛娱乐化很厉害。

泛娱乐化厉害，厉害在什么地方呢？就是会让你觉得，自己日子过得很好。什么意思呢？看一看抖音、快手就知道了，原来很多人很享受当下，他们都很快乐，我为什么不快乐呢？

其实这也没什么毛病,从我的角度来分析,就是你天天看着班里的最后几名,心态也一定会很好的。例如看一看当前疫情下小学生网课学习,看 IPTV(交互式网络电视)中讲的课程,你会发觉现在小学的语文很难,都已经开始讲看图说话了,还有各种成语填空,再看一看数学就觉得很简单,现在才讲到十几加十几等于多少,两位数的加法及进位的概念。主要原因还是数学自己都还会,而语文就未必了。

这里面就会出现圈子认知的问题,我的朋友圈动不动就是年薪百万的招聘,然后是买房、卖房的事情或者投资的事情。而有些人的朋友圈是微商居多,今天买个东西求你帮我拼一下单便宜几块钱,然后还乐此不疲。其实这就是一个意识问题,如果你的意识没有到位,则你想的事情是怎么省钱,当你意识到位的时候你想的是我该怎么通过花钱去节约我的时间。这是一个变化,因为你的单位时间价值提高了。

由于对比产生了焦虑,由于幸存者偏差导致了坐井观天。

1.1.3　想学习但是总没有效果(环境)

学习是一件非常难的事情。相信每个人都是有自尊心的,都是想学习的,但是一学习就发觉跟不上、学不好,两三次之后就认为自己是个不适合学习的人,再学也学不好。

其实云层成绩也很差,高考也就勉强考了个大专。按以前班主任的话来讲,云层能考上大学是个蛮神奇的事情。虽然心里不服但是也算考上大学了,然后云层的亲戚都说云层作为一个四线城市的孩子,能考上大学还是很不错的,是可喜可贺的,现在还创业了,并且做得也不错,真是不容易。但表扬的不是很到位,是吧?所以我现在一般都是对大家说"小学肄业",自学成才。

但大家有没有想过一件事情:为什么学习没有效果?有没有解决的办法呢?作为一个"学渣",我来跟大家分享一下我是怎样学习的。其实我的基础很差,按照我某个敏捷测试老师(豪婷)的说法,她被我的基础惊呆了。当时一起去考英文版的 EXIN DevOps 认证体系中的初级课程(DevOps Foundation,DOF)讲师认证,我打印了整本官方教材,把所有我不认识的单词都标记了。这是一本英文教材,里面有 70% 的单词我不认识。老师就看到我的教材,问:"这些基础的初中单词你都不认识啊?"我说:"对不起,当年我英语四级都没过。"她只能说:"环境不一样。"但是最后我考过了,而且觉得很多单词我也认识了。每个人的基础不同,学习的代价也不同,而学习其实没有任何诀窍,效果不出现的核心原因是知识基础不够,只有踏踏实实地坚持,才能从量变到质变。

通过改变自己意识的开始构建自驱,进入一个非舒适区环境,找到志同道合的伙伴并且互相督促,一旦在这个环境下适应,很多以前不能解决的问题,就突然明朗了。

1.2 职业遇到了哪些事情

工作多年以后,总会发现有很多机会在以前没有抓住,回想起来觉得颇为可惜。如果当年能够学好英语或者考个好学校,现在的很多问题就迎刃而解了。那么云层是怎么做的呢?

1.2.1 云层的职业经历

简单介绍一下云层自己的经历,如图 1-1 所示。

图 1-1 云层的职业经历

云层是 2001 年毕业的,到现在已经工作二十多年。当年去做测试也是跌跌撞撞的,准确来讲就是莫名其妙就做了个测试。其实当年 IT 行业很糟糕,去一家公司做两三个月就被公司开除了,或者去两三个月公司就倒闭了,这种事情挺多。

在 2001—2003 年经历了很多公司,熟悉业务后根据领导安排进行测试工作,平常兼职帮别人写代码。2003—2004 年在 Etang 公司做了大概一年的测试,这是给我印象非常深刻的一年,我当时很不习惯,因为没有人给我安排具体的工作。就是你自己去做吧,什么都没有,不像以前会有同事跟我说要做测试计划、测试需求、用例、测试执行,然后提出 Bug 是怎样的。现在一个项目就交给你了,你就去测试吧,所有人都是自己做自己的。现在回想起来,那时公司可是给了我很大的空间,什么事情都能做,但是我什么事情都没做,而且很头疼的是,每周需要写一篇周报,而我永远不知道写什么,因为确实没做什么。大家想一想,我在公司里没有任何人管我,只跟我说你需要什么自己去找。那我找什么呢?找运维问一下什么时候部署,找开发问一下要开发什么东西?我能做什么事情呢?好像就没有什么和我相关的事情了。经常没有需求,也没什么项目需要我测试,个人常常处于游离的状态。

在游离的那段时间,我觉得不能这样颓废下去,所以我换了个公司。正好当时圈子里面有人介绍我去 Gameloft 公司试试测试经理这个职位,虽然游戏行业我并不是很熟悉,但至少比在现在这个环境及状态中要好得多,最终也顺利地通过面试了。于是,从 2004—2007 年,我在 Gameloft 公司上海区任职测试经理,在这几年我的感觉就不一样了,第一,我有权了,可以招人;第二,确实看到有测试的任务需要去跟进了。其实我进入了一个在我当时看来可以做很多事情的工作,可以招人,可以规范公司流程,可以培训员工。并且当时我兼职了整个 SQA + QC + SCM 的工作,可以认为是配置管理 + 测试 + 流程管理。在这个过程中版本发布是我负责的,我当时提出由 SCM 负责构建及版本发布。因为游戏公司面临一个问题,每个程序员自己都可以自己打包,但打包后会衍生出由于不同计算机、不同组所使用的 SDK 路径不同,以及相关的编译脚本不规范,所以打包出来的文件包存在不完全相同的问题,因此当时是我去做的整个 SCM Build 的规范(一个半自动化的打包规范:VSS做版本,下载到打包服务器,然后自动将测试包发布给测试团队)。

在整个 SQA 上主要制订了一个交付版本的流程,QC 团队当时最大规模大概 100 多人,例如后面涉及的多语言的国际化问题,想用 QC 之类的工具去做管理,并引入一些工具去做性能、自动化之类的工作。

期间做了很多新人培训,可是效果一般,并没有达到预期的效果。深深地感觉到游戏公司有些东西是推不动的,因为它不是一个业务性非常强的系统,质量对于交付价值并没有那么重。在这点上觉得自己又进入了没什么成长的状态,所以才开始考虑转行成为专职讲师(顾问)。

作为一个测试经理,我能告诉别人该学什么,但是我只能让他们自己学,却教不了他们,因为我不具备这个赋能的能力。其次就是自己在教他们的时候就发现自己可能也只会一小部分,而且很多东西都教不了别人。继续往下走作为一个管理岗的知识面会越来越窄,进而导致我完全脱离技术一线。所以从这些角度来讲,我觉得我要继续突破舒适区。

于是 2007 年借助圈子的好友的推荐去做了讲师,那几年很开心,因为带了绝大多数的课程,真正把自己的知识体系和授课能力构建起来了。2014 年后开始创业,也是因为觉得讲师到了一定的瓶颈,需要进入一个新的阶段。

其实分享这些也是希望通过自己的经历回顾一下整个职业发展的过程,核心可能就是对于自我突破和舒适区的恐惧。

1.2.2　恐慌什么

基于当年的经历回顾,我觉得焦虑、恐慌最可能在三点,如图 1-2 所示。

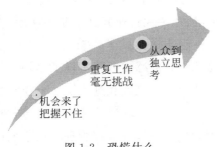

图 1-2　恐慌什么

1. 机会来了把握不住

什么叫机会来了把握不住? 当我第一次进入 Etang 公司的时候,它给了我足够大的空间,但是当初我没有实力去做一些事情。包括之后去 Gameloft 公司,我也意识到这个问题,本质上来讲在这两家公司工作的时候都属于有机会却没有把握住。没有实力,给了机会也把握不住,所以在公司里面没有体现出自身的价值,最终只能通过换一个工作来解决自己的问题。

一个公司如果不重视测试反而是有机会的,但为何我在里面仍然没找到机会,问题还是在于自己的能力不够。现在回想当年在 Etang 公司最好的机会就是我可以一个人去规划整个团队,应该怎样组织,怎样完成项目,可惜当时没有能力去跟研发、运维及相关人员坐在一起推动这些事情,成为首批进入互联网进行敏捷交付的核心人物,进一步可能在 2010 年前成为行业中屈指可数的敏捷交付专家了。

2. 重复工作毫无挑战

我从讲师出来的核心问题是什么呢? 在做讲师的头三年我觉得非常有挑战,因为每门课程都需要长时间的备课,而且一门课基本上要讲三到四轮,这样才能保证差不多熟悉,讲八轮以上才能基本上掌握所有的知识。所以在那时,每隔一两个月就要接一门新课,包括在 2007 年接的性能测试的课,对我来讲压力很大,因为这是我第一次接触性能测试这样的大课。那几年对我的锻炼很大,在过程中找到安全感了,数据库、Linux、Python、自动化、性能、接口、安全,好多东西都会了,而以前测试对我来讲可能就是写测试用例,提缺陷报告,做缺陷管理。现在我会说被测对象架构是什么,接口、单元、代码是怎么写的,非功能测试有哪些要考虑的,此外还有很多其他的细节。

当年厉害的时候是一个月差不多要上 160 小时的课,反反复复地重复讲相同的知识,而多年后已经深知自己不能继续这样下去了。行业的技术还在变化,受到授课对象的限制,自己要学的知识到达了瓶颈,需要跳出初级培训体系进入更加高端的知识体系中去了。

3．从众到独立思考

那么在重复挑战的过程中遇到的问题是什么？当我把书写完了，把很多课上完了，突然发现一个问题，就是继续上课也没有新的空间了，又进入了舒适区。因为当我的课越上越难，学生跟不上（其实说实话现在也有这个问题），可能每上一轮课自己会觉得以前讲得太简单了，这次讲难点才能够跟上行业发展，但是对于只掌握了基础知识的学生来讲其实很难接受。

当我觉得没有挑战的时候就一定要去做一些突破。大家想想看，到你三十几岁的时候你已经知道能做什么事情，且一直重复这个过程，那么就进入了不进则退的阶段。在职业规划中，我考虑过一件事情，是做一个卖茶叶蛋的人还是做一个科学家。大家也要想想未来是继续在技术上突破做垂直领域的专家，还是去守住那个重复简单的初级劳动者。初级劳动的好处就是你不累，重复劳动就行了，较稳定，收入也还不错，但是容易被淘汰。

一旦做了讲师之后回企业是很难的，因为讲师所涉及的技术跟一线还是有一定脱节的，不可能跟一线同步。讲师考虑的是如何把现在掌握的知识理清楚、讲清楚，而不是解决具体的问题，策略是不一样的。经过慎重考虑，我选择了继续突破。

现在回想创业的历程，从以前讲就业改为讲在职提升，到现在讲 TestOps 架构，总的来讲，选择还是不错的，至少面对疫情，生存的主动权在自己手上。

当不断地跳出舒适区后，对于未来未知的选择会越来越多而且还可控，大大降低了行业变化导致的恐慌所带来的焦虑。

1.2.3　核心收获

这几年在个人恐慌下所做的尝试，最终的收获可以总结为 3 个信心，如图 1-3 所示。

第一，学习的信心。最近几年云层在学习上做的突破还是挺大的，大家都知道云层的学习成绩并不是很好，也没有觉得有什么学习能力优势，学东西其实挺慢的，但当我依次把 DOM、ACP、ASM、DOF TTT、ASM、SA5 都考完，包括去做 ASF 翻译后，会发现原来自己的学习能力还可以。虽然没有很强的学习能力，但是我保持了很强的学习强度，很多时候一天可以花 3～5 小时去学习。

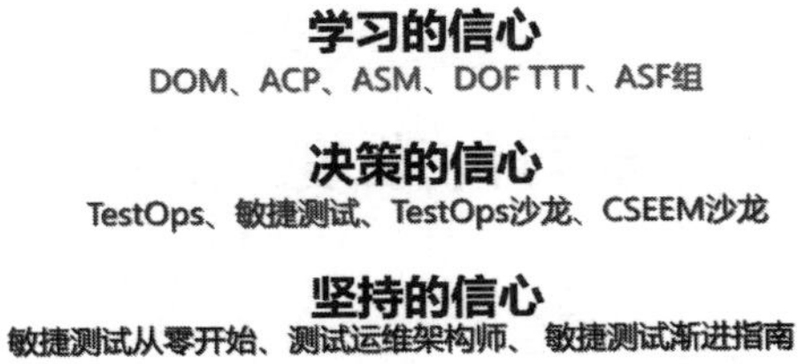

学习的信心
DOM、ACP、ASM、DOF TTT、ASF组

决策的信心
TestOps、敏捷测试、TestOps沙龙、CSEEM沙龙

坚持的信心
敏捷测试从零开始、测试运维架构师、敏捷测试渐进指南

图 1-3　核心收获

你会发现现在的学习强度和高中、初中时的学习强度是无法相比较的。最主要的原因是当你从大学出来，甚至在大学时候学习强度和效率就已经降低了，等到了工作中越加无

法保持学习状态,所以学习强度才会开始不断下降,最后到学习信心也没有了,这是大家恐惧学习或者没法去好好学习非常重要的一个关键点。

第二,决策的信心。当我开始学习时,决策对还是不对是很难判定的。任何人都无法保证每次决策都是对的。云层也会困扰于到底是做 A,还是做 B 或做 C 的事情的选择,但至少最近几年所做的决策,现在看大方向还是对的。我这几年都是在围绕着 TestOps、敏捷测试、持续测试和 DevOps 来做的。

而这些东西也不是一开始就定好的,而是慢慢调整出来的。就好像你现在做的某件事情,完全是十几年前所做的某些事情为你构建的能力,是它支撑你去做了现在的决策。如云层做 TestOps 或敏捷测试,也不可能一开始就想好了直接去做,而是有了足够的积累后,才会想到当前这个阶段我是否应该出解决方案了。这是一个前瞻性的预判,是你去跟所谓的圈子和你的焦虑去抗争,得到的一个可能是未来的解决方案,然后逐步调整、细化,将其与当前的情况对接,而且决策和判断的成功率逐步上升,把握机会的能力也就上升了。

第三,坚持的信心。云层这两年坚持做的事情其实也是很难的,特别是以前公司出现问题后,现在从头再开始。在这个过程中要克服的事情非常多,因为需要重新搭团队、重新构建所有的东西,所以我要坚持一直做下去,这样才能有一定的差异化和深度。逐步控制自己的延迟享受,愿意长久地做一些不是马上出结果的内容,这都是来自于坚持后会有更多回报的体验。

从整个焦虑来讲,云层认为应先将以上 3 件事情做好。相对来讲虽然仍然有焦虑,但是回过头看是能够控制焦虑的,很多时候还是在往好的方向走。有读者会说其实这是一个驱动力的问题,其实我觉得本质上驱动力已经不是钱了,可能是一份责任感或者是一种不甘落后的心态吧。

所以云层认为坚持才是最重要的,先坚持将以上 3 个信心做好。

1.3 学习的难度

为什么对大家来讲自学很难?因为很多时候都在通过碎片化学习构建信息而不是知识体系,最终导致在使用的时候感觉什么都知道,但是不解决任何问题。我觉得自学的难一般有以下几点,如图 1-4 所示。

(1)长期处于慢速思考状态,突然加速学习跟不上。

第一点是慢速思考的问题。在公司里做事情一般是基于自己的思考或者基于同事的

长期处于慢速思考状态，突然加速学习跟不上
长期处在问题一线忙于解决问题，没有时间停下来思考
长期等待别人帮你解决问题，没有预防和升维思想

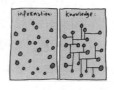

图 1-4　学习的难度

驱动来思考的。如果你在一个实力非常强的公司，你会觉得大家说话与思考的速度是非常快的。但当你在一个慢速的环境中，周边人的思考能力和学习能力可能不强。其实这也是知识诅咒的一种体现。（《让创意更有黏性》这本书所提出的"知识的诅咒"概念：当一个人知道一件事后，他就无法想象自己是不知道这件事的，并且认为别人也知道这件事情。）

由于本身的学习效率和状态很慢，当接触一个新的知识时，会有跟不上的感觉。学习的过程自然会很困难，希望有个人手把手带你，一行代码一行代码带着你写。但云层认为，你更应该把自己从一个慢速节奏变成一个快速节奏，将做事的效率提升，从而追上行业的发展，获得一个好的职位，毕竟都成年了，不是需要别人哄着学习的被动状态了。

（2）长期处在问题一线忙于解决问题，没有时间停下来思考。

有个很致命的问题，当你长期处于一线去解决问题的时候，没有时间停下来去主动思考问题的根本原因，只能不断地解决眼前表面的问题，没有时间去思考如何吸取经验并且尝试解决问题的方法，最后的结果就是毫无进步。

为什么现在 24 岁到 27 岁的人非常容易找到工作，因为在这段时间内只要重复劳动就能获得一个不错的收入，你会一直处在一线工作并且忙于解决具体问题。例如我在做讲师的时候不停地上课，把所有的时间都占满了，工资多一点，然后就没有了，其实你会发现你是在透支你的生命与未来，这是不可取的。

所以一定要停下来思考，过了这段时间之后怎么办。因为通常拼不过年轻人，所以你在这个时候一定要把自己的速度降下来。怎么降下来？要寻找解决现在加班问题的本质。如果只能靠加班去解决问题，是不会有前途的，一定要停下来去想，我为什么会忙在一线，这是不正常的。当你开始停下思考的时候，要做的是不能处于一个被动的、等待别人帮你解决问题的状态，而是主动学习找到破解问题的方法，学习别人是如何跳出这种状态的。

（3）长期等待别人帮你解决问题，没有预防和升维思想。

什么叫等待？领导说最近有时间了去学点东西吧，你要不要去报个班或者花点钱去学点东西。有人会说，我考虑考虑；不行，我很忙，好不容易休息了，还要带孩子出去玩等。当

长期处在一个没有自驱(自己推动自己去学习)的状态时,是没有危机感的,会认为是我的领导让我去做什么事情,在这个时候你会很被动。当领导开始强行推动改变的时候,可能很多人都会这样思考:"现在都那么忙了,不要折腾我了,好好按以前做不就行了?"以前就有很多人说现在用 C♯ 用得好好的,为什么要去换 Java 呢,为什么要招那么多年轻人呢?

其实如果连公司都不愿意折腾那才更可怕,因为不折腾通常没有钱,折腾了才可能有钱,所以说大家愿意折腾,这样才会有新的机会。例如现在没有新的变革出来,你的人生在未来十年中是不会发生什么变化的,公司的进步跟你没有什么关系,工资增长也跟你没有什么关系。

如果你没有预防问题的思想,一旦出现风险,是抵抗不住的。大家想想看,如果现在很多人租车去做快车,他们就会很惨,为什么? 每天挣一两百块钱还要还贷款,而疫情之下并没有什么生意,导致没有收入。那么怎么办,他们有多少存款能抗风险,所以如果没有预防的这种思路,则会导致生存出现危机。

什么叫升维思想? 就是要换一个角度去想这件事情,你不能永远在这个食物链的底端,因为食物链一旦出现问题你是最先被淘汰的,所以大家要有预防危机的意识。如果新来的大学生不但会我的技术而且工资比我还低,以后怎么办? 如果大家都会了,我怎么站在更高的阶段去解决这个问题,如何通过技术来将重复的工作替换或者在另外一个层次上解决? 例如以前在公交车上有售票员,而现在直接通过手机就可以完成支付,就好像打败方便面的不是另外一个更便宜的方便面,而是外卖,这就是升维的思想。

当下学习的难点在什么地方?

第一,老师讲的东西我没有痛点,是因为我没有停下来思考过这个问题的根本原因,我都在解决具体问题。

第二,没有预防和升维的思想,不会提前储备知识及解决方案。

第三,没有快速学习的能力和基础,导致进步缓慢。

在学习的过程中这些难点都会给你带来很大的压力,压力大到一定程度你可能会担心自己承受不住而崩溃,但是至少压力上去了之后,如果顶不住,还可以选择退而求其次,而一点都不往前走,连退都没地方退了怎么办?

1.4　吃生活的苦还是吃学习的苦

最后又要回到当前的痛点,即我为什么要吃苦、怎么吃苦的问题。

1.4.1　困难

整个学习的困难,让我经常思考是吃生活的苦还是吃学习的苦,这个问题我也经常问我的小孩。会发现大家都觉得吃学习的苦相对是比较简单的,生活的苦是真的很难。

相信大家在收入上升后,绝对不会想退回去再做一个收入低的工作。你不敢想,每日挤公交车,而不敢打车;你需要做一些花很多时间的事情去为了省一点钱;会为了买个喜欢的东西而反复考虑钱包。大多数人会认为现在真好,宁可工作上多花几小时去换打车,也不会愿意少做点工作,退到选一个轻松点的工作。

1.4.2　鹰派和鸽派的故事

当收入上升后,大家肯定会发觉吃学习的苦相对来讲是比较简单的,生活的苦是真的难吃。用当年腾讯课堂讲师决赛拿了优胜的故事(鹰派和鸽派)给大家分享一下,如图 1-5 所示。

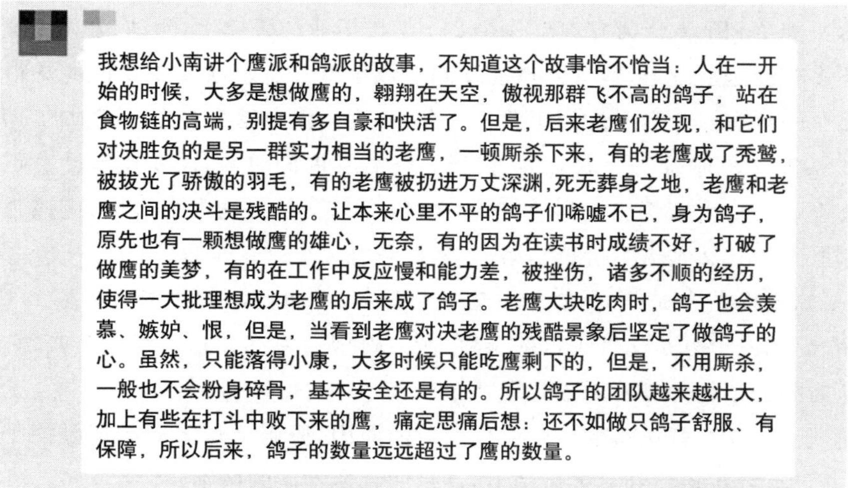

我想给小南讲个鹰派和鸽派的故事,不知道这个故事恰不恰当:人在一开始的时候,大多是想做鹰的,翱翔在天空,傲视那群飞不高的鸽子,站在食物链的高端,别提有多自豪和快活了。但是,后来老鹰们发现,和它们对决胜负的是另一群实力相当的老鹰,一顿厮杀下来,有的老鹰成了秃鹫,被拔光了骄傲的羽毛,有的老鹰被扔进万丈深渊,死无葬身之地,老鹰和老鹰之间的决斗是残酷的。让本来心里不平的鸽子们唏嘘不已,身为鸽子,原先也有一颗想做鹰的雄心,无奈,有的因为在读书时成绩不好,打破了做鹰的美梦,有的在工作中反应慢和能力差,被挫伤,诸多不顺的经历,使得一大批理想成为老鹰的后来成了鸽子。老鹰大块吃肉时,鸽子也会羡慕、嫉妒、恨,但是,当看到老鹰对决老鹰的残酷景象后坚定了做鸽子的心。虽然,只能落得小康,大多时候只能吃鹰剩下的,但是,不用厮杀,一般也不会粉身碎骨,基本安全还是有的。所以鸽子的团队越来越壮大,加上有些在打斗中败下来的鹰,痛定思痛后想:还不如做只鸽子舒服、有保障,所以后来,鸽子的数量远远超过了鹰的数量。

图 1-5　鹰派和鸽派的故事

往上的路并不平凡,但是必须靠实实在在的努力去争取。如果你有比别人早半年或者一年的认知或技术,那么你就会比较安全。当别人开始研究的时候其实你已经研究很久了,然后当别人很努力时你只要稍微努力一点点就可以了,这样你往前所走的路会顺畅很多,犯的错会少很多,而且会意识到大概错在什么地方,所以对公司和个人来讲性价比高很多。在这个过程中没有人是轻松的,云层也不轻松。你看到所谓的收入高的人,他们轻松吗?或许他们想的是你们不要往上拼了,这样子我就安全了。

比你优秀的人比你还努力,在一线城市及一线公司你能看到的"最可怕"的真相就是这个。

1.4.3　有钱"真香"

云层经常会说一句话:真香永远是对的,有钱真好。如想买笔记本就买,直接买顶配的。有一次在某微信群里看到有人说要买个笔记本,云层会觉得笔记本对工作十分重要,直接买最贵的就好了,那还需要想什么。作为 IT 人,直接买顶配,绝对不能卡,慢一秒都会浪费很多时间。换这个角度想是否区别就不一样了,这也是云层为什么会买个触屏带手写笔的 X1 隐士了。基于这个原因,我会觉得有钱人的幸福是大家真的想象不到的。

你见过 DevOps 架构师年薪两百万吗? 当你有这个年薪时会觉得上海房价高、消费高吗? 正好前几天和朋友吃小龙虾,聊到年薪也会说整个行业差不多就是这样的,但我会说是你在好的外企待习惯了,觉得大家工资都这么高,其实并没有那么高。他认为在上海随随便便一个工作就是七八十万一年,但其实在上海大多数情况下年薪能到五十万已经是很难了,到七八十万是凤毛麟角;在北京三四十万比较容易,但到七八十万也是挺难的。

什么水平能拿到七八十万年薪? 一个 211 学校毕业的研究生,测试、开发全懂加一些敏捷理念差不多年薪是五十万,运气好点能拿到七八十万。有个朋友跟我说他觉得他自己的能力也不是很强,就是运气好,好到年薪一百多万,我只能说运气好也是实力的一部分。

所以我认为这是你需要考虑的事情,当再往后发展的时候,需要让自己真正处在一个有钱的状态上。希望大家都能做到学完《敏捷测试从零开始》这本书,出去应该是三十万左右年薪的水平。为什么是这个价位? 第一,敏捷教练大概是这个价位往上一点;第二,你是懂技术的,要知道现在测试、开发在十八至二十五万,再加上把敏捷测试和整个 DevOps 流程理顺的情况下,三十万是比较正常的年薪,所以希望大家都在这个级别。当然,再往后走就是大家所需要的架构师级别的内容了。

这也是我会说从零开始讲的内容比较简单的原因,原则上从零开始还是一个在理清思路的层面,并没有真正落地到具体做法上,这是两者最本质的区别。

1.4.4　学习方法

对于整个学习,关键有以下 3 点。

第一是找痛点,不断地逼自己去找痛点。如第一个痛点就是穷。

第二是明确目标,例如拿到更高的年薪。

第三是构建最小可交付产品(Minimum Viable Product,MVP)学习方法。以解决问题为目标,排列优先级,逐个击破。

1.5　小结

最后又要回到吃学习的苦还是吃生活的苦这个问题,你更愿意吃哪个苦? 我相信大家在收入上升后绝对不会想退回去做一个收入低的工作。前面讲过的鹰派和鸽派的故事,有些人因为先天的条件不足没法做到鹰,那么你就尽自己最大的努力去做最优秀的鸽子。在相关知识上提前储备,笨鸟先飞,在应用的时候就不会手忙脚乱。

1.6　本章问题

(1) 你如何在小众突破者中继续突破?

(2) 对于吃学习的苦还是吃生活的苦,你是如何看的?

(3) 你准备如何培养学习习惯?

第 2 章

敏捷是什么及瀑布的问题

7min

提供需求解决方案的提供商有很多,用户的选择也很多,如何让自己成为那个用户喜欢的解决方案提供商呢?敏捷测试可以解决这些问题么?在敏捷下如何做测试,又如何成为一名优秀的敏捷测试工程师?

我们需要知道为什么要去做敏捷测试,另外,到底是敏捷测试还是测试敏捷化?敏捷测试和测试敏捷化其实是从《测试敏捷化白皮书》[①]中流传出来的,那么敏捷测试和测试敏捷化到底是什么关系?原则上云层建议在没有搞明白自己该做什么事情之前,还是先谈敏捷测试。敏捷测试比较朗朗上口,并且是基于敏捷体系下的测试,然后再谈测试敏捷化,以敏捷思想进行测试。

真正懂敏捷测试的人非常少,大多数人说到敏捷测试,第一印象就是快,但是这不是敏捷测试,在后面我会逐步展开讲解一个清晰的体系。

在正确把握敏捷测试的核心后该如何落地敏捷测试?第一,与敏捷教练(如 Scrum Master[②] 或 Agile Coach[③])形成同理心,需要知道他们谈的东西到底是什么,是如何解决问题的,如流程框架;第二,在这个大的敏捷基础上去落地测试。当前业务交付的问题从纯测试角度去推动解决是很困难的,而敏捷教练相对来讲容易一些。

接下来看一下当下的问题。

(1) 为什么要在当前敏捷流行的基础上进行敏捷测试?

当前行业流行敏捷这个体系,那么在敏捷的体系下应该如何去做测试。经常听到大家说,我们公司现在互联网化了,在公司完全找不到自己存在的价值,不知道自己该做什么。反正就是每天加班,最常见的就是两周发布一个大版本,一周发布一个小版本,发布版本那天晚上忙着做验收测试。平常也不知道干了什么,感觉每天都在疲于应对问题,工资也许还可以,然而却看不到太多方向。

---

① 《测试敏捷化白皮书》由中国电子工业标准化技术协会于 2019 年 1 月发布。

② Scrum Master:团队的导师和组织者,与 Product Owner 紧密合作,以便及时为团队成员提供帮助;促使团队按照 Scrum 方式运行,为 Scrum 过程负责的人;是一个负责屏蔽外界对开发团队干扰的角色。Scrum Master 是规则的执行者,是 Scrum 团队中的服务型领导。

③ Agile Coach:敏捷教练。

举个例子，你现在是李佳琦团队里一个带货的人，就是李佳琦说请给我拿一支口红时，你把口红拿给他时还会露个脸，你觉得这个工作有价值么？其实价值并不大，但是你的收入可能还可以。这并不需要你有非常强的技能，只需重复再重复，但等到过了一个阶段，你没有价值的时候呢？所以在这个过程中一定要想清楚，在一个互联网公司，仅重复工作但没有找到自己的价值点，是很可怕的。

所以要去思考我们如何在当前敏捷流行的基础上进行敏捷测试，因为可能我不去做，下一阶段就没有太多价值就会被淘汰了。

（2）为什么你已经无法跟上时代？

为什么云层说以前的做法不合适了，其实并不是说传统测试已经完全被淘汰了，而是说仅靠传统测试是无法跟上时代的，除非你的公司没有开始转型敏捷，没有以用户最终价值作为公司文化。

最近正好群里有一个朋友问我，说他做测试经理已经很长时间，也没有什么突破了，公司问他有没有兴趣转做 Scrum Master，他说他是拒绝的，但若现在拒绝了，那么他未来的发展方向是什么？云层给他的回答是："为什么要拒绝，难道你准备就现在这样继续下去吗？你的想法是否是我就不变，等待社会来适应我？"当然大家应该都明白，我们是拗不过社会的。如同你跟大家说要转型敏捷，而有人会说你又去学些乱七八糟的东西了。他心里想法为什么是这样的呢？因为他要先否定你，证明自己的存在感，然后等你成功后再去换个角度安慰自己，这就是大家经常遇到的现状。

所以当我们面临转型的时候，要想一件事情，就是需要永远保证我有选择权。所以我跟他说："转做 Scrum Master 吧，如果你不转，那你待着干什么，难道还继续等下去吗？"所以过了几天他在朋友圈里发布，说今天跟云层老师聊了一下，还是觉得有必要转做 Scrum Master，因为职位看起来不同，职能其实是有很多交叉的，而且谁能适应得更好，谁就越能把握机会。

2.1　敏捷是什么

只有了解了敏捷，才能知道如何成为敏捷测试专家，那么首先来看到底什么是敏捷。

敏捷从中文角度来讲比较容易理解，很多人对敏捷的理解就是快，但是中文是一种博大精深的语言，如"快"包含了很多内容，那么敏捷到底快在哪些方面呢？

英文中 Agile 的"敏捷"与中文中"敏捷"的"快"，其实并不是完全相同的。首先来讲解一下为什么敏捷是解决很多问题的方法。

2.1.1 敏捷的概念

"快速交付高质量用户价值"是敏捷的目标。

（1）敏捷软件开发是指一组基于迭代开发的软件开发方法，其中需求和解决方案通过自组织的、跨功能团队之间的协作来开发。

（2）敏捷方法或敏捷过程通常可以推进一个严格的项目管理过程，鼓励频繁的检查和适应，鼓励团队协作、自组织和问责制，一组工程最佳实践旨在快速交付高质量的软件，将客户需求和公司目标作为企业经营决策。

2001 年 2 月 11 日至 13 日，在美国犹他州瓦萨奇山，17 个来自于各类敏捷方法的实践者达成了共识，发表了一个公共宣言，也就是"敏捷软件开发宣言"，如图 2-1 所示。

图 2-1　敏捷软件开发宣言

宣言产生了如个体和互动高于流程和工具，工作的软件高于详尽的文档，客户合作高于谈判，响应变化高于遵循计划这四条，然而云层会说这四条是绝对"没有问题的废话"，大家想想看，是不是尽管右项有价值，但我们更重视左项。如开心学习应该高于应试学习，虽然我们觉得应试学习很重要，但是开心学习也很重要。当然大家可以说宣言是分了轻重的，但是需要注意，敏捷所有的宣言其实有一个前提：认知。

如果没有认知,则所有宣言都是一个乌托邦的谎言。如同我们会说希望让员工开心地工作,让他们去发挥自己的价值。实际情况是包括我在内也做不到。认知这件事情其实是很困难的一件事情,每个人的认知是不一样的,所以我在这里会说认知的基础有一个东西叫作同理心。

同理心通俗地讲就是需要你换位去思考,为什么别人和你对同一件事情的理解是不一样的。就好像我今天批评了我们家的孩子(正好我们家的孩子不听话),正巧阿里的同事给我打电话,她一听,问怎么回事。我说我们家的孩子正在闹脾气,她说:"哭那么厉害,赶快哄哄她吧!"我说不能哄,哄了之后她就会知道这是我的软肋,在没有完全认识到自己的错误之前是不能安慰的。我在认知上形成的内容,但是我同时也具备同理心。同理心是什么呢,就是这位同事关心我们家孩子这件事情是基于她作为母亲的角色思考的,所以我会告诉她为什么我没有做"哄"这件事情,让她觉得安心。

不同的人认知是不同的,因为每个人的成长环境不同。你可以具备同理心,让大家去争取统一认知,但是要注意不是所有人都可以改变同理心(改变认知)的。所以当大家去考ACP[①]或所有的 EXIN [②]的认证体系时,需要注意他们都会考类似的同理心问题。例如,有一个人,他觉得自己不太适合这个工作,他希望去学点别的东西再来支撑当前工作,你需要对此做什么事情呢?你不能说他不适合我们公司,走吧。但这样绝对是不对的,你要做的一件事情是告诉他:公司尊重你的选择,支持你去学习一些你觉得对工作有价值的事情,等你做好了你觉得合适的准备,再来做工作上的事情。为什么?很多国外的文化是以Freedom(自由)个人为基础的,以保证个人利益为前提。所以他们提出敏捷宣言,我们需要了解什么呢?

第一,希望做到自组织和跨功能团队的协作。需要记住一件事情,就是共担责任,简单地说我们是一个自己管理的大团队,它是虚拟职位,强调多职能的。

第二,需要快速地交付高质量的产品。将客户需求和公司目标作为经营决策,以满足客户为基础。

这就是所谓的敏捷,要怎样去满足客户呢?客户要的一定是物美价廉,交付快且还能达到他想要的目标。所以我觉得减肥药广告是一个"很好的"敏捷理念案例,首先,使用减肥药能够快速地帮助用户减掉多余的脂肪;其次,减肥的过程不痛苦,但又快捷。所以广告会说分阶段、分批次减肥,效果明显并且代价很小,最终的问题是用户在使用中无法达到广

---

① ACP:敏捷管理专业人士资格认证(Agile Certified Practitioner),它是由美国项目管理协会(Project Management Institute,PMI)发起的,严格评估项目管理人员的知识技能是否具有高品质的资格认证。

② EXIN:国际信息科学考试学会(Exam Institute for Information Science)由荷兰经济事务部于 1984 年创办,现今已经从荷兰政府部门独立成立了 EXIN 基金会。EXIN 是一家面向全球 ICT 从业人员的中立认证考试机构。

告中宣称的效果。因为这是一个不可能达到的夸张营销,这是有 Bug 的,除了质量不达标,其他的东西都做到了,所以这是局部符合敏捷的基本理念,或者说是业务端敏捷,但实现端无法实现。

2.1.2　敏捷有用么

敏捷落地的难度在于我们常常只看了表面,而没有深入实践并找到其中对自己有指导意义的内容。在敏捷基本概念中会讲到,其实这些概念是通过实践得到的。实践就是我们发觉传统的做法不行了,所以开始改变一个思路去做。我们通常通过过去的经验去做一件事情,但是会发现还使用过去的经验已经无法解决问题,这时候必须得换一种方法去做。

以前的做法是怎样的呢？我们让客户提供更加规范的文档,使用更加成熟的开发模式去开发,结果是软件越来越大,开发越来越跟不上。其实云层很推荐大家看《人月神话》这本书,里面讲了一个很好的例子,就是我们不能简单地认为一个女人生一个孩子需要十个月,所以十个女人生一个孩子只要一个月,这是不能做人月换算的。它强调的就是工作时间是不能水平拆分的,不能说一个人需要做十天,十个人只要做一天,但是很多研发人员或者产品经理会这么去理解,核心就是我们的任务,一旦没有办法有效地拆分出来,最后就会导致本来一个月的工作,总要延期很多。

有一本书叫《人件》[①],讲了这件事情该怎样解决,其实这本书是当年 CMMI 体系非常经典的一本书。《人件》这本书讲的是如果我希望成功,我应该怎样解决这个问题。解决方法就是,一个月要做完的事情我就告诉你只有两个星期时间,通过你自己的责任心把这件事情做完。什么意思呢,我告诉你有两个星期时间,两个星期做不完你会有内疚感,内疚感之后你会拼了命去做这件事情,好了,3 个星期终于做完了,比理想情况晚了一个星期,但实际情况是你还是正常交付了,很好地完成了软件交付。

2.1.3　以前的问题

基于瀑布模式的人生规划,最后的结果是什么？如图 2-2 所示。

以前我们的做法是规划一个瀑布式的计划,所以我们对自己的人生其实想得很清楚

---

① 《人件》一书专门讨论了软件开发和维护的团队管理问题,并向人们的传统认知提出了挑战。作者汤姆・迪马可和蒂姆・李斯特在书中推崇人本管理思想,指出知识型企业的核心是人,而不是技术。《人件》于 1987 年首次出版后,曾在西方引起了轰动,被誉为"对美国软件业影响最大的一本书",还对大、中型组织中的软件开发团队如何运作进行了深入探讨。《人件》已成为软件图书中的经典之作。它和《人月神话》共同被誉为软件图书中"两朵最鲜艳的奇葩"。人们认为,《人月神话》关注"软件开发"本身,《人件》则关注软件开发中的"人",因此,在成千上万的书架上,《人件》永远和《人月神话》并列在一起。《人件》(第 2 版)面向的读者包括软件开发组织中的所有人员,管理者和被管理者都将从书中得到有益的启示。

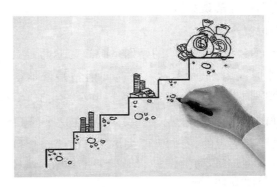

- 读大学
- 结婚
- 生子
- 带孩子
- 等死

图 2-2　瀑布计划的人生

了。小时候记得我父母跟我说过一句话,他们很羡慕老外可以一辈子有"两份"工作,老外平常工作的时候工作,工作完了之后可能会开着自己的房车出去享受很长时间的假期。但在我父母这一代包括我们这一代,我们的生活其实是非常单一的。

云层是 2001 年毕业的,云层前五六年工作只为一件事情,就是活下来,那时候只有活下来这件事情。所以没有多想,读完大学去找工作,找完工作之后赶快赚钱,赚钱之后买房子,买完房子结婚,结婚后生孩子,生完孩子带孩子,然后等着自然老去。其实我父母到现在为止都是这种心态,我跟他们说你们去改变一下思想,但他们改不了,因为他们的经济意识就是这样的,所以我们称之为计划性的做法。如果现在或者未来你有一个大的计划性内容,是可以的,但是难度在什么地方呢?举个例子,我相信好多人都这样想,今年春节我好好地陪孩子玩一下,然后我集中精力准备考试,等到三四月份考完试之后,我就做 A,做 B,做 C,做 D 这件事,甚至更远,但实际情况是计划赶不上变化。

其实这就是典型的瀑布型(预测型)做法,一旦出现意外,打乱了计划后,你会发觉什么事情都没有做,因为你没有安排别的事情,也许你还在做现在没有价值的事情或者你在等待做下一件事情。云层现在的做法是什么?每天,我会把最近可能要做的事情都放在上面,根据当天实际情况去调整优先级高的事情去做。敏捷就是我有个非常大的叫作 Product Backlog 的东西,会根据这个星期任务的情况,拿一部分任务出来给自己做 Sprint Backlog。例如,我跟梦婧老师说下个星期要做什么事情你排出来,你自己去决定。梦婧老师说我们要做微博蓝微、要做知乎认证,然后还要做一些小视频。那我会问有什么可以帮你的,或有什么东西会成为你的瓶颈的?可能梦婧老师会说,她需要一些内容,那么我赶快从我的 Product Backlog 中将这件事情安排成我的 Sprint Backlog,并且在里面规定的一件事是及时交付(Just In Time,JIT),因为必须在这个时间内帮梦婧老师完成,完不成就会成为她的瓶颈。所以说这不是瀑布型的做法,是动态调整型(适应型)的方法:想到这件事情,马上将这件事情安排进来。最近梦婧老师做得很好的一点是跟上热点,我觉得这点是非常重要的,例如我们听到某某微博出现什么事情,马上将这个热点跟上去了,因为错过了这个热点,然后再交付就毫无价值了。

如果按以前的说法就是我们的婚姻是时间段型的,从大学毕业到工作,可能 28 岁左右你一定要在这个时间内结婚,不在这个时间内结婚就不行。而现在我们的想法不一样了,变成如果我们遇到那个对的人就不要错过,开始越来越接受闪婚这种概念了。婚姻在什么时候发生不是所谓经验的概念,不是说你非要在这个时间段结婚,过了这个时间段结婚就不幸福了,这是没有道理的,我们需要去培养自己的经验和选择对的人。

2.1.4 当前的问题

当下我们所要解决的问题比以前更多,因为我们所能接受的选择更多。

(1) 今天吃什么?

当下我们所面临的问题是面对多种选择,以前我们不会考虑吃饭的问题,反正家里肯定会做好,然后我也不用太关心未来会怎么样。但是现在我打开外卖平台或者各种评论网站,最头疼的就是有那么多可以吃的,但是我吃什么?

(2) 今天看什么?

电视台的频道越来越多,各种视频网站也有大量的更新,还有小视频等平台,但是当我想看点什么的时候,我又纠结看什么,频道翻了一遍也没有什么感兴趣的,反而回看和点播还有点想看的东西。随着点播的内容越来越多,选择看什么又是一件头疼的事情。

(3) 今天想干什么?

更重要的事情是今天想干什么,说实话我连上课之前,都不知道今天课上到底该讲什么。以前我们说一个好的老师是通过备课来做的,我发现有些老师非常厉害,能做到每节课的"每分每秒"所讲的都是一样的,你可以认为听他讲上一次课和听他讲下一次课是没有区别的,从而形成你听过第一次就不用听第二次。这是通过备课背下来的,因为他知道什么时间点应该讲什么,应该怎样去讲,这是部分老师的特点。

大家可以自己试一下,当你跟大家做分享时,会不会做一个详尽的笔记,去想清楚要讲哪些知识点,每个知识点应该怎样讲,但是我可以明确地告诉你,大多数男老师一般不会,因为第一,懒,不愿意备课;第二,希望讲自己的思路,所以我经常会说理论课是备课容易讲课难,实操课是备课难讲课容易。

你如果讲实操内容,只要会做这件事情,做一遍教给别人就行了,但是讲理论课就很难,PPT 就那么几个字,但需要讲很多内容,这是临场发挥出来的。

当下整个社会非常浮躁,我刚毕业的时候从来没想过工作五六年就买套房了,然后我就结婚生子,这是从来没有想过的事情。因为我知道买房是件离我很遥远的事情,是我做不到的,但现在年轻人的想法是工作一两年,工资没有一两万怎么活,买这个买不起,买那个也买不起,对于经济独立及生活的高质量要求比以前要早及快得多。大家能看到的物资及消费差距也很明显,所以说当下整个社会非常浮躁。有些人走得很快,但摔得很重,例如有些人会说当下社会几千元或一万元月薪的工作是不能做的,因为按这样的工资是没有前途的,不能做这种低端事情。

于是很多人很浮躁地去做一些高回报、高风险的事情,但实际情况是成功率很低,例如现在很多人做网红主播,其实你要思考到底谁会给你打赏,为什么要给你打赏,但是大家又很喜欢泡沫。又例如现在直播比人气,人气的概念很多时候是只要浏览器端刷新你一遍,你的人气就加一,并且很可能会自动加,做 IT 的人员对这种内幕应该都懂。所有你看到的直播人气里面有百分之七八十甚至百分之九十都是假的,但是大家又需要这个东西。再例如云层写篇文章就两三个人读,云层也觉得不开心,五六百人去看,去转发,云层感觉还可以;如果几千人阅读,云层会觉得很开心;如果不小心来个上万阅读量,云层会开心地笑起来。而这种第一次内容导流的做法也就是行业中"冷启动"的做法。

所以说我们在这个浮躁的社会是有很多深坑的,因为你的期望值会非常高,但是又很有挑战,如果有什么办法能帮助你有效地控制住挑战,结果就会好很多。大家仔细想想看,你所能看到的成功的人,哪一个不是在行业内沉淀了十几年的。有句话说得好,"你看到的所有人的成功都建立在五六年甚至十几年的积累上,是在这个基础上,他们抓住了机会才成功的。"所以说这是我觉得浮躁的时候要注意的事情。

结束了一天的工作后,若自己还有点追求,偶尔会在夜深人静的时候回顾,毕竟大家内心深处总是藏着一个小小的梦想。然后想了一下,就如同被颓废果实击中的感觉一样,感觉我存在于这个世界上如同一条咸鱼,内心是非常颓废的。当被"颓废小人"打败时,你会发觉自己是一事无成的。这样的次数多了,一事无成后也就没有信心去做了,这其实就是我们经常面临的问题。

一般回顾过后还是很难突破当下的情况,继续重复这个过程,因为差距已经很大,找不到弯道超车的机会了。

成功之前往往都有很长时间的挫折期,能够坚强地坚持不被打败,那么你离成功就会越来越近了,因为你在克服混沌,适应变化。

2.1.5　问题的成因

回顾这些问题的变化,是整个大环境及对应的人导致的,也就是从解决基本需求到解决扩展需求。

（1）当信息传递速度上升时更容易获取差距信息。

现在为什么做什么事情都那么着急？问题来自于从解决基本需求到解决扩展需求。解决基本需求问题，如同以前我们看一本书能够耐心地看一遍，看不懂就看两遍、三遍，甚至看一年去学会书中的内容。现在大家的需求变成了看一个东西马上就要掌握，如果看完之后不能马上掌握，或者一个视频看十秒还不能吸引你，大多数人会把它直接跳过，原因是现在的信息传递速度比以前快很多。以前是你真没东西可以看，也就是说无论用什么方法得到回答都需一两个星期，所以你会耐着性子在这一两个星期中争取自己解决，因为你没有办法获得信息，但现在获取信息是非常容易的。

例如你想到一个问题第一时间不会去论坛发帖，因为这个途径获取信息太慢了，等到一个星期之后再告诉我答案没有用了。现在大多是直接"轰炸"微信群，在里面发一句话："有哪位大神帮我看一下这个问题。"急一点的人会更直接地说："为什么群里面就没有一个大神回答我的问题，难道大家都不懂吗？"之所以会有这种情况，其实正是因为他突然发现一件很"可怕"的事情，现在我们获取信息的距离比以前短了很多，我要做的事情是当我遇到问题时直接在群里面问，有人回答我，那问题就解决了。

我们获取信息的方式确实比以前快多了，快到当我百度一个问题时，有百分之七十的答案是跟我没有关系的，但它展示出来了。信息并不是真正多了，而是垃圾信息越来越多，去噪很难。以前只有少数人创造内容，大家会比较认真，而现在创造内容越来越容易了，因为有太多可以获取的信息供我们去创造、传播。

所以大家会发现书越来越薄了，例如今天我在朋友圈里推荐了蔡超老师的《前端自动化测试框架：Cypress 从入门到精通》。这本书还是不错的，它其实也很薄，大概两百多页。现在三四百页的书不多了，因为写本三四百页的书往往需要一两年的时间，校稿、订正出来之后可能就是三年以后了，而在 IT 行业三年前的东西可能已经没多少人看了。

（2）当大家已经解决温饱问题时需要获取更好的生活。

另外就是大家现在有钱了，想法不一样了，这也是大家有更多的选择的原因。云层刚大学毕业的时候没有钱，公司食堂做什么我吃什么，而现在我会开始纠结，明天我点什么东西吃呢，然后我还会买点水果吃，还会很开心地去听别人讲解怎么选水果。这都是生活条件不一样了，希望去追求更好的生活，而不是简单地活着，我需要有主动选择权，现在开始每个人要的不是给我答案，而是给我一个超出我期望值的内容。所以这就会面临一个问题，你以为你选择了个最合适的方向，但是随着时间的变化其实是有问题的，因为你的人生观、价值观在变化，而最后其实你只是收敛了自己的期望。

在生活水平提高的情况下，我们产生了很多想法的变更，不再是以前单一的、一对一的解决方法，而是我也不知道问题是什么，要给我解决方案，云层将这定义为做未知问题未知解决方案。如同需求,很多时候业务方也不知道要做什么,但是你能给出的是他想要的,且超出他期望值很多的解决方案,那么业务方会非常认可你。

(3) 当大家已经极大地满足了生活需求后需要获取被需要感。

那么接着需要什么东西呢? 就是被需要的感觉,即我是有价值的,不是简单做完事就完成了。更高的要求是信息变更速度提升,大家的价值观和需求变更后,出现一个问题,所希望达到的结果与当前的认知是不同步的,因为目标在不停地变而实现跟不上。

2.1.6　理想和现实的冲突

现在我们的生活期望值在不停地变,以前觉得有套房子、有个老婆就行了。接着没有想到会有两个孩子。有了两个孩子后想得也很简单,送到幼儿园他们就自己长大了,但现在我发现不行了,我还得去教他们怎么学习,怎么构建思维方式,教他们 Python、Java,还涉及如何读小学、初中、高中、大学,毕业找工作还要去做各种各样的选择。当初的想法是我的人生是条简单的直线,实际情况是我的人生是一条波澜起伏的波浪线。

所以我跟孩子说以后做什么好呢,有个好的想法是好好学习做个科学家吧,但实际情况是很有可能就做程序员了。

这就是我们随着时间变化认知和执行的差距,为什么我们开发一个软件,开始想好了怎么做,最后做出来总是配对不上呢? 以前是理想情况下追求瀑布模式,已预先安排好,一切井然有序,理想情况下做的事情叫作反对变化,而现在我们接受现实,并且顺其自然。

2.1.7　瀑布模式的问题

瀑布模式(预测型)的问题在于以当下的眼光看未来的结果。

在产品的初期做决策时说我们要做这件事情,过了半年软件做出来了,交付给用户,用户告诉你这不是他要的内容。变化出现在什么地方? 随着时间变化需求也是动态变化的。刻舟求剑的故事大家都听过,在船舷刻线后去找找得到吗? 剑随着水流漂走,这种方法永远找不到剑,但是如果把剑换成需求,可能你还在用刻舟求剑的方式解决问题。

我专门去搜索了一下二十多年前上海的房价,1998 年上海的共康新村路,也就是彭浦新村的房价是 2400 元一平方米。彭浦新村 2020 年被合并到静安区,共康新村以前属于闸北区,闸北区在那个时候属于离市区很远的地方,坐公交车要一小时才能过去,但现在坐地铁大概十站。大家想想看,如果按照我们的认知,20 万元贷款分三十年还清,那么贷款三十年基本上就是 40 万元,40 万元分三十年还,大概每年还 1.3 万元。现在我问大家一个问题,如果二十年前跟你说,你一个月只需还 1000 元房贷,你会觉得压力太大,可能一个家庭的开销都没有 1000 元,但是现在 1000 元连好点的乐高都买不到,所以你会觉得当年房贷压力好小啊,但是在当年 1000 元是笔不小的数目。

所以瀑布模式所面对的问题,是当我们使用传统的意识去做这件事情的时候,因为时效性的问题,可能会离最终目标有偏差,如图 2-3 所示。这也是为什么大多情况下做软件,做到最后一两个星期的时候才会知道,原来软件最后是要做成这样子的,我们会发觉前面百分之八十的时间都浪费了。

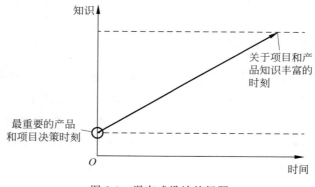

图 2-3　瀑布式设计的问题

传统模式要写测试计划、测试用例、测试脚本,到了最后一两个星期会发觉这些都是多余的,前面消耗的时间只是帮助你熟悉使用这个软件。在最后一两个星期大家都有同感,认为我们是特别高效的,非常容易地发现了最关键的 Bug。因为瀑布模式下你对于业务已经非常熟悉了,可以很轻松地把主业务测试完并且知道问题在哪里,因为在最后的时候你才知道软件是什么样的,该做什么,哪些是重要的,哪些是不重要的,这都是典型瀑布模式的问题。

2.1.8　迭代研发模式

迭代研发模式(适应型)指随着当前的要求快速交付,降低认知与目标的差距。

迭代研发模式使每次交付的内容变少,如图 2-4 所示。本质上来讲就是把一个大目标拆成多个小目标。例如你希望考上好的大学,要先考上一个好高中;想考上好的高中,先要考上好初中;要想考好初中,先要上个好小学;想进好的小学,先要有学区房,或者去上个私立小学、幼儿园等。要一个小目标一个小目标地去完成,最后完成大目标。

如果开始做不到怎么办,这时你就要调整方法。例如我身边很多朋友说,我们家孩子成绩不好,考高中的时候怎么办? 离高考比较遥远时赶快花钱买辅导课,其实就是在某一个迭代的阶段里帮你将上一次迭代的历史债务解决。

历史债务如同我规定了一次迭代是要完成初一的所有课程,但是初一之前小学的知识

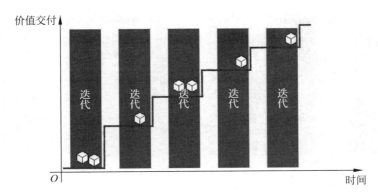

图 2-4　迭代研发模式

掌握不扎实怎么办呢？放弃一点休息时间来补课。补课的操作相当于在当次迭代计划里多塞了一点任务进来，新增任务工作量提升了就会延长工作时间。往往解决历史债务的方式都是加班，虽然在敏捷上面是不推荐的，但实际上解决问题的本质还是体现在工作时间上。

现在通过迭代研发模式使最终交付的内容不一样了，而在整个交付过程中大家必须了解：迭代研发模式随着当前的知识能力积累快速交付，从而降低认知与目标的差距。

所以敏捷并没有节约时间，而是降低了由于变化导致的浪费。

2.2　如何敏捷

在了解了敏捷为什么能帮助我们解决问题后，接下来看如何去做敏捷。

2.2.1　VUCA 世界

当下世界的特点，是基于 VUCA[①] 的世界，如图 2-5 所示。

VUCA 是现在说得最多的话题之一，敏捷教练或者敏捷课上必讲一件事情——"黑天鹅"，如同疫情，大家没有料到，它就莫名其妙地出现了。疫情对线上课程来讲影响比较小，但对线下教育、电影院的影响是毁灭性的打击。平时看电影对大家是可有可无的不是刚

---

　　① 　VUCA：Volatility（易变性）、Uncertainty（不确定性）、Complexity（复杂性）和 Ambiguity（模糊性）的缩写。VUCA 源于军事用语并在 20 世纪 90 年代开始被普遍使用，随后被用于从营利性公司到教育事业的各种组织的战略新兴思想中。

易变性
（Volatility）
挑战本身及维持的时间是未知的且不稳定的

不确定性
（Uncertainty）
缺乏对意外的预期和对事情的理解和意识

复杂性
（Complexity）
各种力量、各种因素、各种事情带来了无规律

模糊性
（Ambiguity）
各种条件和因果关系模糊，带来混乱和无序

图 2-5　VUCA 的定义

需，几个月不看电影也没有影响，但没有人会想到突然有一天大家不能出门，不能聚集在一起看电影，所以说在"黑天鹅"下所有东西都是易变的、不确定的、复杂的和模糊的。

什么是易变的，新冠症状是比较典型的例子。它包括两种状态，第一种是有症状的；第二种是无症状的。而且新冠病因其复杂，到现在为止还无法证明它是如何来的。甚至于最神奇的是，美国的航母上莫名其妙有人感染新冠病毒了，但是没人下过航母，那是怎么感染的？

其实整个 VUCA 就代表这个世界的未来，我们面临着每个人的需求越来越多，但所期待的信息并不是那么直接，因为我们自己也不知道希望的未来是什么样子的。当我们看到别人做出来的东西时，可能觉得很有趣，我是不是要尝试一下。这时，策略就变成了以前是我们规定好你做什么，而现在可能会动态地创建出新的指引，这是无法逃避的，每时每刻都面临的问题。

2.2.2　快速地调整目标

在职业规划中也要从瀑布模式改变为敏捷模式，特别是当前处于 VUCA 的整体情况下。

（1）人生很短，着眼眼前。

（2）学会做减法。

（3）小事不成，大事难成。

在 VUCA 时代下，我们需要做的事情就是着眼眼前。云层现在已经不做长期规划了，例如计划未来五年内去买套房，按照上海目前的房价，每平方米大约 8 万元，买 120 平方米的房子首付八成需要大概 900 万元，再加上 100 万元的额外现金，大概需要 1000 万元的流动资金，这就意味着未来五年内每年要赚 200 万元，这基本实现不了，现在就可以放弃了。

第一，以云层现在的年龄已经开始处于人生的下降阶段了，不能想着人生一直在上升阶段；第二，你让我去做我也做不到，假设云层能拿到一天一万元的企业内训课时费，一年需要做两百天才能挣到 200 万元，这基本不可能，身体顶不住也没那么多生意。

现在做事情不能过分计划，只能知道这个方向并将眼前的事情做好。所以会说人生很短，优先完成眼前的事情，当前事情做好后才会有机会做更多的事情，因为我们可以通过一个个小的迭代实现更多目标。

有朋友说云层你做敏捷测试的课那么便宜，要是其他机构把你的课抄过去，再用它去赚钱怎么办？云层会说为什么要纠结这件事情呢，如果大家愿意按照我的方向去讲授这门课是好事情啊！可能云层就会培养一个市场，今天能培养一个市场明天就能培养一个新市场，这才是最关键的。小事能够做成，未来我才会有机会做大事，才有想象空间。例如，我的课讲完之后，如果大家都觉得云层讲得不错，云层会开始推一个敏捷测试 2022 课程，接着所有以前模仿我讲课的那些老师都会说，要不云层专门出课程，收 1 万元的课程设计费、答疑，然后我们来讲课。那意味着我只要培养 100 个老师就有 1000 万元了，在上海买房这件事情就很容易了。有一次我跟另一个老师开玩笑说：“现在还上什么课，我们直接收徒弟吧！签个长期合同保证把你教会，然后未来五年给你安排工作、授课等，以后赚的钱我们抽取 30% 就行了。”其实这也是一种方式。

你会发现我们处理事情的方法跟以前不一样了，我们先学会把小事做好，小事做好了，提升了能力，后面做大事才比较容易。重要的是我们能做的事情很多，但我们怎么去做减法，如何快速调整目标。举个例子，本来今天写好一篇文章，是 A 这个话题，如果明天突然剧情反转了，现在的问题是继续发昨天的文章还是重新写一篇文章。相信正确的答案是按照现在的情况重新写一篇新的，所以放弃以前的某些事情是很重要的，这就是做减法，否则把前面的文章发了再去写篇新文章，反而会导致后面的文章也没必要写了，所以我们要有快速调整目标的能力。

2.2.3　测试工作是否适合你

很多测试在职人员是通过一次敏捷交付（培训或转行）获取了迎合趋势的职业改变，随后一直基于瀑布模式在做测试。

大多数测试人员心目中的职业发展规划是从功能测试到测试开发，再到测试经理。

现在行业变了，你还在走瀑布测试这一套么？例如测试工作，其实云层有时候会说不是所有人都适合做测试，入门不难但要做到突破很难。大家进入测试行业时必须做一个近期规划和远期规划，而瀑布模式的规划可能会导致一处落下处处落下。

什么叫瀑布模式规划，当父母说你报计算机专业吧，比较热门。过了五年计算机专业毕业了，却发觉：第一，计算机专业听起来好像很好，但是我学不会；第二，找工作并不容易。其实计算机专业要求你真的学会了才能找到工作,而不像有些专业学得不是很好也可以找到工作,做计算机方面的工作门槛虽然不高,但是对比别的行业还是高很多。

另外有很多人当初因为找不到工作,所以参加一个培训去做测试,接着进入这个行业。大多数人最近五年到七年依然是瀑布模式,等到 28 岁到 30 岁再想转行就很难了,因为你的职业规划就是从功能测试到测试开发,再到测试经理。现在很多公司不需要测试经理了,功能测试也必须具备开发能力了,公司要的是干活的人而不是只会夸夸其谈的人,除非你的管理能力很强并且技术也不错。当下测试行业的要求也在变化,大家要适应这个行业的变化,其实做 IT 行业的很多人最后放弃的原因,也是不能接受变化而转行。

2.2.4　加速交付

如何让自己感知变化,最好的办法就是去验证。例如经常去别的公司面试一下,看一看自己有什么不会的地方,对于职业规划可以通过加速交付的方式来敏捷化。

1. 小批量快速交付

小批量快速交付也称为加速制品流动,如果希望跟客户达成一致的目标,希望尽快地交付用户的价值,我们依赖于什么？第一时间将所交付的内容缩小且快速地交付用户,看一看问题到底是什么。

2. 及时判断自己的状态

通过面试或者与圈内好友沟通来判断自己所在的状态,例如大家要去选择自己未来做某个行业合不合适,那么你可以先去学一小部分内容,看一看这些知识能不能变现,如果可以变现并且自己理解好了,就继续去做；如果不太适合,就要及时纠正,以免浪费时间。

3. 及时纠正错误,避免浪费时间

从我的角度来讲,在大家年轻的时候,也就是真的有创造力的时候是 28~32 岁,这 4 年是你最关键的 4 年,过了这 4 年基本上很难有突破了。这 4 年一定要明确目标,就是大方向明确之后集中精力去做一件事情。在 28 岁之前快速试错,但 28 岁之后尽量少试错。否则你的深度就不够了,所以我们要提前纠正错误,避免浪费时间的过程。

2.2.5　模糊的客户需求

在当下的项目中,由于客户提交的需求相对模糊,导致很难准确地把握客户最终的目标,处理模糊需求的要点有两个。

（1）与其去猜客户想要什么，还不如做出来。

（2）与其给大的惊喜，不如不断给小的惊喜来判断。

对于模糊的客户需求和未知的用户需求，快速试错是最好的方法，我们处在整个 VUCA 环境下，其实客户也处于这种状态。今天客户说我们要一起合作几个月甚至几年，也许过两三个月客户觉得我们不合适就不合作了，这是很正常的现象。

模糊的客户需求是当前非常正常的情况，因为客户有时自己也不知道自己的价值在什么地方，所以作为交付方或敏捷方来讲，要做的是小批量地快速验证用户的想法，所以要持续不断地做小惊喜的事情。

2.2.6　可以多快

通过不断地缩小交付过程中的内容大小，逐步缩小交付周期，DevOps 可以提升到小时级的交付周期，如图 2-6 所示。

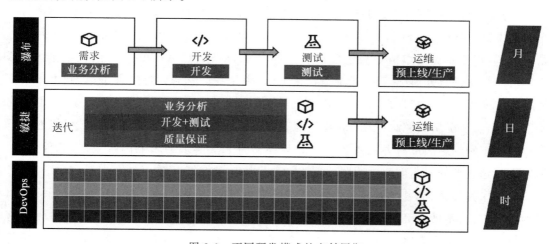

图 2-6　不同研发模式的交付周期

瀑布研发模式的做法是先确定需求，如跟用户签合同确定做这件事情及成本，然后严格按照需求进行开发，再进行测试。这时也许会出现开发人员说所提需求在技术上实现不了，测试人员说需求逻辑有问题，测试通不过，内部讨论纠结完后也许业务方会跟客户说，当初没有想到这个东西是做不出来的或性能不达标等。然后继续磨合，纠结几个月后终于投入生产，而客户最终看到软件后也许会直接反馈跟自己想的不一样。这是在瀑布研发模式中由于缺乏和客户同步变化所带来的常见问题。

敏捷强调的是基于迭代的模式，迭代将需求、开发和测试结合在一起去做内容，敏捷做到了责任共担。其实在 DevOps 中责任共担得更多，当所有内容一次性交付完后再去投入生产,是按天来计算的,如果做得更快叫作极限开发(Extreme Programming,XP),强调每天只做一件事情,用户希望看到什么就做什么,每天交付一个具有价值的东西。

例如一个月后要考 CET 4 了,于是开始规定这个月每周背多少个单词,而前提要求是这个过程中不能生病、不能出意外,这是瀑布模式的做法。敏捷的做法是这周先背最常用的 500 个单词,下周背常用的 2000 个单词,最后两周做热点试题,每周迭代去达到一个阶段,哪怕某个阶段没有完全完成或者有意外,也不会完全错过目标。

DevOps 做得更快,背完一个单词就发出来,有点像很流行的跑步打卡一样,要求你做完什么事情马上就登记。可以认为 DevOps 把这个过程串联起来,一般通过持续集成或者持续交付流水线实现。在全自动化走完软件交付流程的基础下,需求来了马上实现,测试完立即发布上线,它的单位时间是以小时计算的,这个时间周期越短意味着我们跟客户的需求误差就越小。

跟女朋友出去吃饭,女朋友问你吃什么,你直接说去吃这家,这样她就没有机会选择了,作为客户可能会不开心。但是如果换一种表达方式,例如"明天我们去吃什么,我找了 3 个备选方案,要吃 A、B 还是 C 你考虑下,明天我们再决定",这是敏捷。瀑布呢,下个月要过情人节了,把准备做的事情列一个很长很长的计划,准备去吃 A、B 或 C。但是等你到了那个店可能会出现意外情况,第一可能是没排上队,去年我们就遇到过这件事情,到上海聚会的时候本来想去订一家日料店,结果没订上最后就没吃到,还好云层马上换了家店,也算吃到饭了,虽然情况略微尴尬;第二就算订到这家店,万一它倒闭了怎么办;第三可能遇到下雨或者由于别的原因没有办法参加。导致最终交付无法实现的影响因素太多,意外太多,所以面对这些意外时当前解决问题的方法就是尽快交付价值。

提高了速度之后,把去做一个软件从想好要做什么到做出来的周期从月压缩到小时,只做一件事情,不做太大的事情,事情一定要细分,才能实现快速交付。想到最近有件很有趣的事,有个同事去泰国玩,出去之后新冠疫情就暴发了,他想现在机票贵,回来麻烦,再等一等,结果发觉再等下去回不来了,本来订了机票但是没想到连航班都取消了,现在他已经在泰国待了快两个月了,什么时候能回来还不知道。

这就属于瀑布模式的做法,主动权不在自己手上。执行力强的人会怎么做? 一旦发现回国困难,马上买机票回国,虽然会被隔离,但国内控制得比国外好很多。决策周期及执行周期越短,在面对变化时成本就会相对降低。

2.2.7 敏捷让交付更快了么

讲解了这么多敏捷的好处,那么使用敏捷就一定让交付更快、更好了么?

敏捷不是解决所有问题的方法,但是敏捷可以帮助我们(避免或者减少)在错误的路上走得太远，如图 2-7 所示。

图 2-7　目标明确下瀑布模式更快

敏捷的方法可以让交付的速度变快，那么最后是交付真的变快了么？在这里注意一件事情，云层一直说不是什么事情都要用敏捷，如果目标非常明确我建议用瀑布模式。例如下个星期要做的事情用瀑布模式去做就很好；但如果你的目标不是非常明确，且这个时间段内可能会发生变化，这时候就不应该用瀑布模式了。敏捷界的鲍伯·马丁有句话讲得非常好："Agile is not a way to go fast, it is a way to know where you are going."意思是敏捷不是让你去走一条更快的路，这种方法不会让你更快，而是让你知道往哪里走。如同小批量持续交付，你会不断地获取当前所在的位置，所以说敏捷可以让你知道你需要往哪里走。

敏捷并不会提高你的交付速度，而是会提高你的管理能力。当你对误差的感知更加敏感时，就会提高对团队的管理能力，所以敏捷是一个提高管理能力的过程。敏捷不能保证你会准时交付，但是会让你消灭所有你认为可能达到目标的时间期望。

敏捷在做什么？随着离目标越来越近或者随时调整，敏捷帮助消除不切实际的预估项。所以到底用敏捷还是用瀑布模式需要去判断，并不是用敏捷就一定好，如图 2-8 所示。你希望又好、又快，就用敏捷的方法交付，但它一定很贵。要是花不起钱怎么办呢？那只能按照瀑布模式来做。希望又好、又便宜，那只能等，等时机去做这件事情；希望又便宜、又快，那只能做得比较简单，做得简单保证能用，随便做两个按钮，所以说它很丑。希望做得好就要花费更多时间,慢慢给你做,又快、又好就很贵。

图 2-8　产品交付价值定义

如果目标明确,希望做得好,用瀑布模式相对来讲成本比较低,但是如果希望又快、又好,那它可能就很贵。

敏捷在降低犯错成本,敏捷让我们在未知的对象上找对方向,通过快速试错的方式来降低走偏或者离目标越来越远的过程。

2.2.8　高速交付下的悖论

敏捷下交付速度提升,但测试的压力也随之上升了,没有时间有效保证质量,而质量问题又会严重影响快速交付的效果,所以去 QA 化也就成了主流说法,既然保证不了质量,那让用户试用,提交问题。

对于大多数想在敏捷中提高质量的团队,都面临以下几个问题。

(1)速度快了怎么保证质量?

(2)做得越快错得越多怎么办?

(3)如何让测试更快跟上交付速度?

(4)让研发团队自测试还是让测试团队驱动研发?

敏捷的想法是快速地交付用户价值,持续小批量交付,但会产生一个问题:我们在高速交付下怎么保证质量。又要快,又要质量好怎么可能?需求一提交就马上加上该功能而且能正常使用并不难,但作为测试要确保整个软件正常使用,需要回归很大的范围,在当下交付的时间内是无法完成的。由于做得快,就会出现做得越快错得越多的问题,因为我们没有办法及时纠正错误。

在高速交付下对质量进一步要求,质量并不是测试团队能解决的问题,提高质量的手段不仅仅是检测,而是将预防和支持作为必备基础。通过研发模式的规范,让研发内建质量,并且提供支持自动化测试的基础,从而让每行代码都能运行。

2.2.9　转型敏捷

当下行业所谓的质量优先都是有一定前提的,如果测试团队的价值没有体现,那么测试团队自然就是多余的,很多公司也意识到了这点,这也是测试团队当下的问题所在。

为什么大家都在转型敏捷,最近很多传统测试也都在转型敏捷,原因是如果按照以前的做法是跟不上时代的。例如以前比较有名的航空公司,航空公司会觉得飞机是自己的,航线是自己的,只要把票卖了就行了。于是就产生像携程这样的公司专门帮航空公司卖机票,航空公司觉得自己卖机票太麻烦了,要建系统还要运营,还不如交给别人来代理,让它们赚 20% 就行了。然后我们发现，这种公司都比航空公司做得好，于是很多传统公司会来做互联网，出自己的 App 且自己的 App 卖的机票便宜，还有积分和许多运营活动。

其实这就是传统行业在向数字化转型，而数字化转型也需要业务及技术敏捷。因为如果航空公司还作为一个后端，则面临的问题是业务在前端。携程可以决定前端业务，可以引导用户决定去买哪家航空公司的机票，然后选择补贴去做这些事情，所有产生业务的用户前端在携程这里。携程可以去引导航空公司，告诉航空公司你要给我更好的折扣，否则我就不卖你们的机票，航空公司自己不具备售票的能力，所以就出现了航空公司被制约的情况。

这个世界上大多数公司是业务型公司，只要赚钱赚得足够多就有选择权，你在公司里会面临的问题是公司在往业务型转型，而业务型公司一定要求一件事情，就是你的工资和付出是成正比的，公司在你身上赚多少钱，会对应到你的工资上。这就是公司要转型的原因，要让自己成为业务核心型的公司。我们做测试也是首先要有业务，然后围绕技术才有价值。

2.3　成为敏捷

从 Why 到 How 再到 Being，如何从明白敏捷到真正落地敏捷（Being Agile）是接下来要讲解的内容。

前文简单讲解了敏捷是什么，其实核心有两部分：第一，如何面对"黑天鹅"的情况；第二，敏捷宣言团队化快速交付价值。在这两个问题的基础上扩展到了传统瀑布模式交付中所面临的时效性问题，以及敏捷中对时效性问题的处理方法。

快速交付高质量且有用价值的产品是敏捷的目标，那么敏捷的基础是什么呢？

2.3.1　如何敏捷地快起来

实现敏捷的关键手段是减少交付内容、让团队精简且高效和提高团队的能力。测试团队的能力不足会影响小目标、小团队和能力基础，当下测试人员的能力在最近 10 多年没有什么大的进步，完全无法匹配敏捷所需要的意识和技能。

2.3.2　小目标：寻找 MVP

小目标需要的是最小可交付产品（Minimum Viable Product，MVP）价值目标，每次向用户提供可以实现部分价值的产品,直到最终完全满足用户要求,而不是像传统模式那样不到最终交付无法给用户解决问题,如图 2-9 所示。

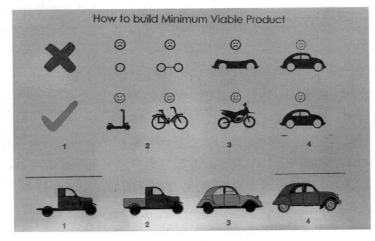

图 2-9　MVP 化交付用户价值

　　例如用户需要一辆汽车,这个交付周期是很长的。我们要去买辆汽车,第一得拍牌照,拍完牌照预定车,有些车不是现车还要等两三个月才能拿到,等拿到车之后其实你已经没有了很想要一辆车的感觉。云层有段时间刚考完驾照,特别想去买辆车开,在上海拍牌照很难拍到,过了几个月之后云层想算了,不拍牌照了,有了车也没空开,于是就干脆放弃了。

　　所以这就是现在小额支付火爆的原因,小额支付支撑了购买部分内容的商业策略。例如现在看漫画或网文,可以一章一章地买,好处是看完一章就付几毛钱,付款模式快捷且决策简单,看一章付一次费,用户体验好,作者也可以尽快得到稿费并且了解读者喜好,但是从总价上来讲其实是上升了。也有些人跟我一样,可能看美剧就要一口气看完,屯完再看这是另外一种心态。

　　但从用户价值角度上来讲,最终用户需要的是一个代步工具,那么代步工具怎么做呢?必须让用户每次使用的时候都具备代步工具的功能并且逐步升级。代步工具不是只有汽车,你可以先做个小的滑板,接着换成自行车,再换成摩托车,到最后换成真正的汽车,这就是所谓的从用户价值实现角度的最小可交付产品。

2.3.3　小团队:独立自治

　　对于团队,要求从以前的自顶向下的管理模式,变为可以独立自治的小团队,并且小团队之间可以快速有效地随意组合,如图 2-10 所示。

　　《赋能》这本书我非常推荐大家看,看完会发觉以前的工作就是命令型的,管理模式是

打造应对不确定性的敏捷团队

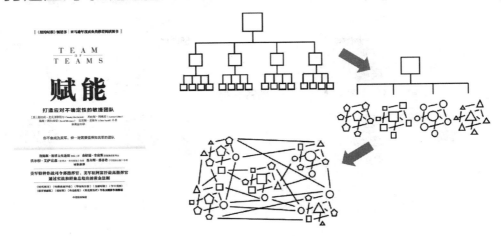

图 2-10　打造应对不确定性的敏捷团队

领导让我们怎样做就怎样做。但有时领导的决策可能是错误的，最终导致失败。在不确定的情况下是不能这么做的，我们希望做到每个团队之间都能互相独立且相互配合去做事。

《赋能》里面就讲了一件事情，作为一支美军特种部队，他们在以前所面临的是调动千军万马去跟敌人正面交锋，但现在敌人不会傻傻在面前跟你交锋。面对敌人不知道什么时候出现、怎么出现的情况下，作者意识到需要把所有的队伍打散，形成了现在看到的特工小团队，每个小团队都是个独立自治的团队。这种改变其实就是在强调不确定性越强的时候，独立小团队面对变化的适应能力越强。

2.3.4　能力强：责任共担

对于能力，不再使用单维度的职位定义方式，而是变为了能力标签。每个人都是多专、多能的，这样的团队才能达到责任共担，从而实现小团队交付高质量小目标的目的，如图 2-11 所示。

最后一点，能力强在什么地方呢？由于组成团队所需要的人希望足够少，所以团队从由需要多个角色定义变成了由多个能力标签去定义，这里对沟通能力提出了高要求。项目经理跟测试工程师沟通需要懂测试才能把话说在一起，项目经理跟开发人员、需求分析师等所有人的沟通都面临一个问题，就是可能说的都是自己的专业认知，导致团队的理解认知是不一样的。由于我们的能力标签没有交叉和共通性，导致沟通的代价非常大，最后实现就逐渐变成了按照对方的要求实现，减少了参与及独立思考，最终项目交付失败，团队全输。所以我们会谈一件事情——责任共担，实现责任共担一定要互相理解。

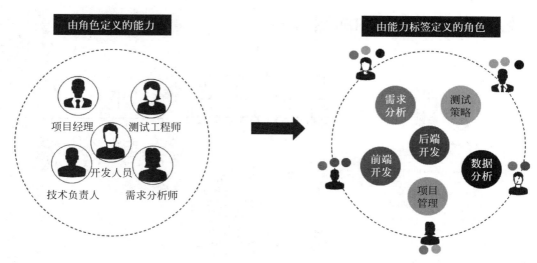

图 2-11　角色和能力标签定义

例如芒果跟我说这门课备课要很长时间,云层不会怀疑这件事情,只会觉得也许芒果的能力跟我想的不一样,我觉得做两小时她要做 3 小时,但是这没有问题,因为这次课做下来了,她下次再做的时候速度就快了,所以我是需要培养她的能力标签的。印象最深的就是芒果以前是非常讨厌做 PS 的,我奇怪为什么芒果一点 PS 都不会,所以之前所有的课程图片都是我来做,我觉得很奇怪,这并不难啊。有一次正好去长沙出差,我就跟她说我做一遍你来看一下,做完之后她就发现原来这个东西挺简单的,现在芒果也开始做图片了,其实这就是一个赋能的过程。

我们希望一个团队里的人不在于多,而在于是否具备所需的能力,人越少能力标签越多意味着沟通成本越低。大家想想看,如果一个产品经理首先能想清楚要做什么,然后画出来原型甚至能写代码把它实现,这样是否能减少交付的偏差,提升交付的速度。《人月神话》中讲的巴比伦塔没有修成功的原因,就是人多了,沟通导致的问题。所以我们经常会强调能力标签定义的概念,当一群能力很强的人组合成小团队去做一个小项目,一定可以做得又快又好。

2.4　困难

很多公司可能能明白需要能力强的人组成小团队去做小项目,也知道需要快速交付,需要去适应变化,也知道敏捷是什么,但为什么最后做不到呢?

接下来讲解从 Being Agile 到 Not Agile 面临的问题。

2.4.1　意识及行为

在落地敏捷的过程中,由于看待问题的意识导致初期大家过分关注如何做,而忽略了价值是什么,最佳实践和成功并不是模仿就可以获取的,如图 2-12 所示。

图 2-12　意识及行为的转变

大多数初级阶段的认知是怎么去做这件事,你告诉他做什么事情就行了,不会去想为什么要做这件事情,所以这时候的行为和意识是不统一的。做一件事情首先要有目标,然后想为什么要做这件事情,它的价值是什么,能帮我解决什么问题,这是意识层面上的事情,而行为上的事情是具体该怎么做才能够实现要做的事情,从而解决问题并产生价值。如果仅有行为最后就会导致公司做 DevOps,DevOps 就是 CI/CD,然后做一个流水线(Pipeline),把代码填进去自动把所有流程做完。大多数的 DevOps 公司落地最后可能是这样子,但是作为在使用 DevOps 工具的人明白了吗? 如果不明白为什么要这样做,那么很难达到效果,所以现在做事情的关键是价值是什么,理解价值才是最关键的。

例如做自动化测试,到底它的价值在哪,能解决什么问题? 从执行效果来看确实是做自动化快了,那解决了什么问题? 你怎么证明解决了对应的问题? 第一,如何确认自动化测试的有效性; 第二,代码变了后自动化脚本也要维护,维护之后能出现对应的测试效果吗? 例如自动化测试减少了重复的手工工作,真的减少了有量化结果吗? 如果减少了请拿出数据来证明你做这件事可以得到这个结果,通常拿出数据后发现这个结果没有达到,就说明你的意识和你的行为是不同步的,最后仍旧没解决问题。

现在需要思考的是不是目标不对,目标不是减少手工工作或者说去解决这个问题的方法是不对的。重新回顾整个过程,可能发现落地过程用的是瀑布模式的做法而没有使用敏捷。在落地过程中想的是先照着最佳实践做,招几个测试开发人员去做自动化,其实采用的还是瀑布模式,它没有经过工具选择和慢慢试错调整的过程,没有培养团队的质量意识,最后只是强行把自动化"塞"进去了而已。这类似于突然给班级里塞一个班主任去监督大家的学习态度,是很难出效果的,有想法的不需要班主任监督,没想法的有了班主任监督也没什么用。它的成效性是很低的,这就是意识与行为上的问题。

2.4.2　道、法、术、器

构建不同层次的认知,对于大多数测试人员太过依赖于器,从一个测试工程师变成了测试工具使用工程师,而忘记了自己作为测试的价值目标是验证软件的价值,所以回归初心很重要,如图 2-13 所示。

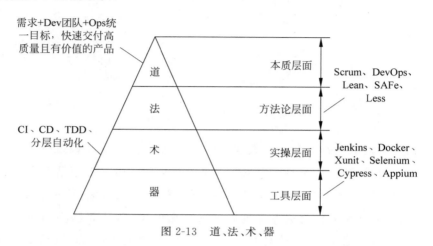

图 2-13　道、法、术、器

现在很多公司的做法是将 UI 基本功能外包给一个团队去做,核心自动化都是自己去做的,那么要构建的整个意识是什么呢?

大家往往先从工具层面看起,即 Jenkins、Docker、Xunit、Selenium、Cypress、Appium 之类的工具,其实这是最底层的执行部分,真正的核心是构建需求、研发和运维团队统一的目标,以快速交付高质量的有用价值为目标,这是最后的目标,也是我们的本质层面。

那么怎样实现这个目标呢?首先需要有 Scrum、DevOps、Lean、SAFe、Less 之类的框架体系来帮助管理团队;其次在实操层面上有 CI、CD、TDD 分层自动化。所以从道、法、术、器的角度来讲,首先应该想到的是本质层面的内容,希望大家要懂道和法,先不谈术和器。本书以道和法为主,目的是让大家在认知层面产生变化从而解决问题。

2.4.3　团队能力

对于团队来讲,个人的能力很强或者团队组合后能力很强都不够,狼群才是公司需要的团队能力,个人能力强再组合在一起才会更强,如图 2-14 所示。

云层也很喜欢这张来自于 Thoughtworks 的陈庆敏老师的图片,虽然以前我看过类似的图片,但没有这个做得好。

作为公司来讲是有个人竞争和团队优势的,老虎就像是公司中的"孙悟空",是公司中

图 2-14　团队能力

那个让你又爱又恨的人,但他能力很强,别人都配合不了。另一种熊猫定位是公司的"大白兔",资格很老,每次都说以前我怎么怎么样,现在做不了什么事情而且还属于经常坏事的人。

蚁群对应的团队优势就是执行力很强,执行者属于你让我做什么我就做什么,他们希望所有的团队作战能力很强,大家心很齐,但是每个人的能力不同或者提升空间不大,所以通过统一的方式做统一执行的工作。

上面三类情况对公司来讲帮助都不大,为什么呢? 第一种是公司有猛虎,就靠这一个人,别人都靠不上,这个团队是不会强大起来的;第二种就是公司人很多,执行力也很强,但是每个人都不厉害,最后变成规模可能很大但是效率和创造力不够;第三种就是传统公司,有一堆"大白兔",最后把整个公司拖垮。

但是不要把自己变成猛虎,你也许能力很强,然后会想一件事情,自己来帮大家做,大家就做蚁群吧,当你认为猛虎就对应这个蚁群的领导时,你会发现你带不出一个优秀的团队,带不出优秀的团队就意味着你能力再强,你的团队还是上不去,只认为自己很厉害是没有用的,所以说真正的优势是你如何培养狼群而不是培养猛虎,因为猛虎可能不用培养,他本身能力就很强。所以在这个过程中,每个公司都会面临的情况是,你在什么阶段可以自己做个定位。

一个公司有"猛虎""蚁群""熊猫""狼群",最可怕的事情是狼会越来越少。有句话说现在年轻人很怕管理,只要稍微有点不顺心就离职了,但是 70 后和 80 后很好,你让他做什么就做什么,从经济学上讲就是劣币驱逐良币。假如你是一个 70 后、80 后或者 95 前,公司让你做什么就做什么,只要给钱就行了,这是"蚁群"。95 后的年轻人会说我毕业刚培训完要15000 元的月薪,给不了我不做,觉得公司不行我不做,公司没提供平台我也不做。

想想公司里很多"蚂蚁",可能第一你没有跟他沟通,第二是在进公司前就已经被消灭掉了想法,不敢做"狼"。

公司虽然有框架约束,但其实你是可以改变空间的,如果你没有去改变,本质上来讲其实你也是一只"蚂蚁",因为你被公司"框架"了。如果你都跳不出公司的框架,怎么让你下面的人跟你不一样,或者是跟你想的一样跳出公司的框架呢?

所以云层经常说你不能自己上来就保护所有的手下,有两种做法:一种是一个蚁群命令者(Command)的做法;另一种是狼群做法,让你直接面临生存的问题,跟别人结伴,否则你自己会"死"。所以云层建议大家在公司文化中养成一个习惯,第一,进来是有要求的;第二,直接把这个人放到具体的项目中去,不要你去命令他做什么事情,你命令的越多他越没有想法。我相信刚进公司的员工都愿意跟你说这里不合适,那里不合适,这是一件好事,因为他是有想法的。你不能告诉他不要有这种想法,要先把眼前的事情做好,这样你是在消灭他的想法。要让他具体做出结果,有想法很好,做一个结果出来,想法太多没有结果是不好的,因为是个空想。你要让他去做,有想法做不出来可能是能力不到位,有问题先做了,知道好坏了,马上拿他做出来的结果跟他讨论。你只要做一件事情,就是每日站会(Daily Meeting),让他讲自己的想法是什么,是怎么去做的,我们鼓励他往下去做,直到遇到技术瓶颈,此时他自然就会去解决问题了。

云层以前遇到一个大专毕业生,在公司里只做了一年半测试,然后开始给外面讲testops,自己转 Ansible 开始做对应的事情,很快成为行业专家,兴趣驱动的力量是很大的。你鼓励他去执行,一个年轻人熬夜去学技术,两天就能学会 Ansible,你觉得他做不出来,其实还是因为你不敢放手,或者你没有能力去管住他。也就是你作为一只"猛虎"只会觉得他这也做不成,那也做不成。如果他做成"狼"了,但是公司又不能制约他怎么办呢,赶快放"狼"走。公司要创造培养"狼群"的环境解决公司当前的问题,如果公司把"狼群"放了,你再去培养新人成为新的"狼"。以后你就可以作为一个驯狼人,做熟了之后也可以去别的公司做驯狼人。所以说个人的成长方向跟公司的成长方向其实是不矛盾的,但是大家要养成构建你辅导别人的能力的习惯。

做个小的实验看你能不能帮助别人做好这件事情。小目标要一步一步达成,不要想花3 个月或者 6 个月时间培养一批人,让他们成为"狼群",这个想法不现实。你去想 6 个月以后的事情,6 个月之后这个人在不在公司还是个问题,公司项目到时候还能不能往下做也是个问题。这就是瀑布想法,你需要换个想法用头脑风暴去做事情,以短、平、快的方法去做。例如现在有个问题,测试效率低,大家有什么方法可以在一星期内解决这个问题,或者你明天能不能给出一个解决方案,如果方案合理,马上就动手去做,这是我们要的敏捷方法。让大家去做自己想做的事情是非常重要的,让执行力强的人去做"蚁群",因为公司是需要"蚁群"保底的。但仍然需要留一群"狼",因为你总要两三个跟你想法一致的人。

2.4.4　效率筒仓

大团队的问题在于各个部门的排队等待,所有人都很忙,但是用户不满意,因为从提出需求到用户需求被实现的周期太长了,如图 2-15 所示。

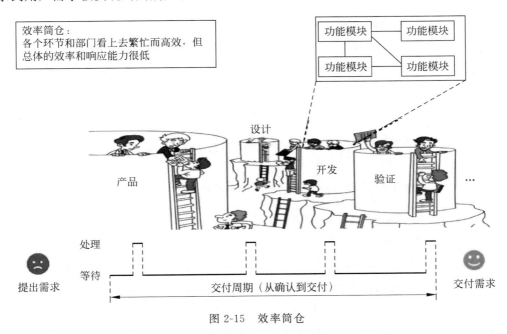

图 2-15　效率筒仓

大公司为什么敏捷不起来,原因是随着公司的扩大,每个团队的人员开始成倍增长,例如我们有 30 个产品经理、10 个测试人员、50 个开发人员和 15 个设计经理,提出需求首先要到产品经理这,产品经理做完之后传给开发人员,开发人员传给设计人员,设计人员再传给测试人员,这会出现每个团队都有很多事情要做,但是绝大多数事情是没有意义的,或者价值是很低的。我们宁可让自己闲下来去选择做更有价值的事情,而不是让自己很忙,大家看起来都很忙其实没什么用,假装自己很忙熬到晚上,甚至做的事情是没有意义的,总体的响应效率很低。

用户提出一个需求先传给产品部门,再传给下一个部门,再传递,再传递,等到需求交付都过去一个月了,用户体验不会好。就好像我去医院是为了看病,但 80% 的时间都在等,等挂号,等医生,等拍片,等抽血,等出报告,其实医生只给我看了 30 秒,但排队排了 6 小时,这就是筒仓效应。

2.4.5　流动效率与资源效率的认知

我们可以通过改变团队的大小和流程,让交付以用户价值为核心,从而提升用户体验。筒仓效应是大多数公司交付慢的主要原因,也是拆分为小团队、小交付的目标,但是要做到小团队小批量交付,对团队的能力要求又很高,所以很多公司很难改变,如图 2-16 所示。

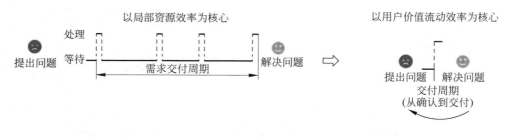

图 2-16　局部资源效率与用户价值流动效率

(1) 原始状态:以局部资源效率为核心。

(2) 变化:以用户价值流动效率为核心。

(3) 研发效能改进:系统而非局部地改进,从而提升持续交付价值的能力。

我们要去做改变流动效率和资源效率的问题。医院是怎么改变流动效率的?医生的资源有限,为了尽可能地为更多患者诊断,只能让医生满负荷运行。举个例子,当别的部门看到你们团队开始有人闲着没事情干的时候,领导会怎么想?既然你们闲着,那我再给你们个任务吧,反正做不出来也无所谓,但会让你们忙起来。由于事情多了,你也区分不出优先级,最后的结果是所有的事情都需要排队,按照先进先出的方法来做。一旦领导觉得某件事情很重要就会催你,打乱了你所有的计划。我们强调局部优化资源,以流动为核心,将事情想清楚,快速把它做出来。如果平常所有的时间都忙于处理眼前的事情,那么自然就没有时间去思考和去做更有价值的事情了。

任何一个测试组长或者测试经理,要让自己没有事情闲下来,太忙就没有时间去协调大家的工作优先级了。如果你现在手上管很多事情,其实本身就有问题,说明你仍然处在资源效率这种状态上。公司希望你不要闲着,但是云层会告诉你,你们现在所有人都要闲下来,去做一件事情——招人。想招好人最好的方法是去各个群里面挖掘人才,而不是通过简历,因为简历的命中率实在太低了,我们要通过外面活动去做。例如去沙龙、去群里面聊,招有想法的人去聊,看到合适的把他挖过来。圈子里有想法的人通常会在群里聊天的,很快你们就会达成共识,因为只有话说到一起的人,才是想法大体一致的。与积极主动自己做事情是完全不一样的,这就是流动效率和资源效率认知。其实如果你玩过敏捷的翻硬币游戏就会特别有感触,流动效率和资源效率的一个关键点就是,如果你一个人集中精力去管事情,排队其实就是资源优先,一旦资源优先,之后只能做项目并行,让大家更忙,这个效果反而不好。我们要让每个人都只翻一枚硬币,让这个流程运行起来,这才是我们要的效果。

　　所以云层会说写文章不用一次性写完,发完都没有改的时间了。大家看一看,讨论一下,然后写第二版、第三版,往往这样写四版会比你只写一版要好。而且很多时候一个人去写四版不如大家一起讨论写四版更好,闷着头一个人写四版,然后给别人,别人改的空间已经不大了,其实完全可以先写一版向大家去讲述一些概念,再重新梳理第二版,一般来讲写三到四版的结果比较好。这其实就是流动效率,我们要让大家都在这件事上动起来,每个人都参与了最后交付的内容。所以我们要做看板可视化,将做的事情公开给大家,我走到看板边上看就会注意相关内容,互相去关注自己上下流工作的一个过程,这也是要做周报的原因之一,所以这是关于流动效率和资源效率的一个对应。

2.4.6　自适应 IT 变革框架

自适应 IT 变革框架如图 2-17 所示,这张图基本包含了前面讲到的内容,建议认真学习。

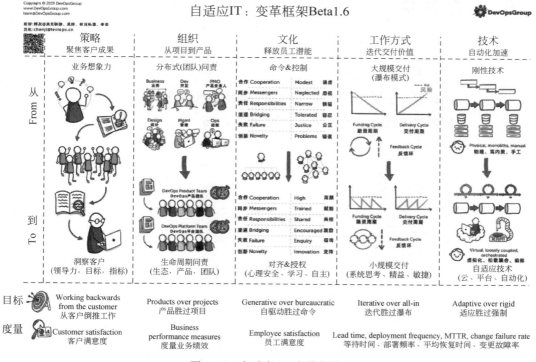

图 2-17　自适应 IT 变革框架

从策略到组织、文化、工作方式及技术都需要有一个转变过程，从而构建自适应 IT 能力，与用户共同面对变化，交付有价值的产品。

2.5　小结

在当前公司所需要做的变化可能很多，但并不是现在就要去改变，而是要知道为什么去做这件事情，以及如何与团队一起去做好这些改变。后面的章节会逐渐展开构建完整知识体系，本章给大家引出痛点。帮助你找到为什么做了很多事情，但是最后浪费很多。提高公司的流动速度可以更快地发现问题，一旦发现问题就去优化。团队中每个人应该具备哪些能力，如何构建敏捷团队，你要为测试人员的能力打分，去帮助他们构建一张自己的能力技术雷达图，帮助他们找到发展的方向，提升他们的交付能力。

2.6　本章问题

（1）当前迭代中的 MVP 哪些是无效的？

（2）当前团队的流动速度是多少？瓶颈在哪里？大概需要多长时间？

（3）当前团队的角色能力和交付能力分别是什么？

第 3 章

流畅高质量交付用户价值

敏捷的关键是什么？本质上来讲就是流畅高质量地交付用户价值。

6min

这里我们抓住 3 个关键字：第一，流畅，流畅英文翻译为 Flow，就是流动；第二，最终交付的是用户价值（Value），所以一定要清楚地知道什么是用户价值；第三内建质量（Built In Quality，BIQ）。首先希望它流动起来，流动起来之后内建质量，最终是希望交付价值，本质上以下三点就是要去做的事情。

1. 明确用户价值

我们如何明确用户价值？其实，现在做软件交付的瓶颈从某些角度来讲并不在技术端，研发领域上没有什么技术瓶颈，例如 DevOps 在绝大多数公司已经做得很好很快，唯一的问题是拿不准用户价值。拿不准用户价值就不能使用以前的瀑布模式来做，因为瀑布模式只能针对明确的目标去做。只有在需求不明确的情况下，才会换个提议，要不试试这个，要不试试那个，这时就有了快速试错的概念。

传统的瀑布模式希望一次性完整地大批量交付用户价值，在当前 VUCA 时代很难做到，难度在于我们很难一次就把用户价值看得那么准，用户价值会随着时间推移发生变化，所以用户价值决定了当前的研发模式是使用敏捷还是瀑布模式。如果能渐进式地明确用户价值或者局部地明确用户价值，找到最小可交付产品，则使用敏捷迭代开发模式是比较推荐的一种方法。

2. 提升流动速度

用户希望看到价值，所以应尽可能快地交付，解决当前阶段的痛点。那么必须提高流动速度，分批交付的时间越短，节约的时间就越多。提升流动速度除了技术和框架的改造，还有工具的支持，常见的持续交付体系都是以自动化为基础的。

3. 构建高速交付下的质量保证体系

如果用户价值明确，研发团队能保证实现这些价值，业务分析人员（BA）能帮助研发人员完成质量验证,则高速交付下保证质量是没问题的,但现在的情况是业务分析人员拿不准用户的痛点,研发人员做出来的解决方案也不知道对不对,而此时又需要快速交付给用户,就会产生质量的问题。大家想想,如果很明确用户需要解决什么问题,研发人员直接做出来给用户验收就行了,其实都不需要测试,所以云层一直觉得测试不是绝对必须的,但客观事实上团队又需要测试,因为我们不能让用户直接去试,这样的代价太大了。

在高速交付的背景下很难拿准用户价值,需要进行测试,用一个低成本的方式来代替高成本的做法,这才是核心问题。质量对于不同的用户价值是不同的,如果大家最近看过《我们的乐队》,会发现普通的大众听音乐和专业人员听音乐是完全不一样的。例如周杰伦的《告白气球》很好听,其实这首歌的编曲没有什么特别;但是当听黑暗三部曲《夜的第七章》《以父之名》和《夜曲》的时候,觉得编曲的水平就非常顶尖了。所以才有外行看热闹、内行看门道的说法。对于普通用户来讲价值明确、好用就行了,其实不需要专业的测试。

只有在非常专业的领域才需要高质量保证,但我们做的软件绝大多数情况是给普通用户使用的,所以小型互联网公司没有测试是很正常的,因为你没有办法从专业的角度去保证质量,毕竟成本太高。例如我买个肉包子,我还专门检验一下里面的肉是不是纯的猪肉,其实是没必要的,性价比很重要。

敏捷测试的核心是保障最后交付的用户价值是客户所期望的用户价值,并且是在高速交付的情况下保证质量。这对我们来讲是个伪命题,是要求我们做得又快又好,表面上看起来没办法,但办法总比困难多。

后面有专门的章节讲用户价值,这里先部分展开讲解为什么用户价值如此重要。用户往往只给我们一部分信息,这部分信息是我们能看得见的,传统说法叫作显式需求。显式需求就是用户明确告诉你需要的内容,但在显式需求后面往往是有隐式需求的。用户价值里面真正难的,并不是用户所讲的表面的内容,而是背后的深层次内容。

目标与关键成果法(Objectives and Key Results,OKR)同样是在讲价值这件事情,做事情有多种方法可以落地,以前做事情解决问题就行,例如胃疼了喝热水就好,但现在我们需要知道如何去预防胃疼才是最重要的目标,而不是简单地喝热水去解决胃疼的标,治本才是最后需要的关键价值目标。

最近后浪很流行,梦婧老师写了篇文章说后浪这件事情,里面就讲到世界的对等性,云层的课程还是很有前瞻性的,大概几个月前我就讲过这个问题了,没想到这次又红了,讲的是95后的员工不能被骂的原因,其实不知道大家有没有想过,95后的员工好不好管理?很多人会说95后不好管理,现在的年轻人很自由很奔放,要他干什么他都不愿意,例如我家孩子同样是这样的,我跟他说今天下午要好好学习,他说不,他要看动画片。我拿他一点办法也没有,又不能打。换以前我们小时候,给我印象最深刻的是老师非常厉害,只要上课不听话,"啪"一个黑板擦或一个粉笔就扔过来了,然后去罚站,我们那个年代就是这么过来的,现在孩子不会有这样的经历。其实对于 95 后的员工来讲,我们发现不好管理,在于不同的管理者看法是不一样的,就像上过架构师和敏捷课程,你就会发觉,越是年轻的员工越好管理。因为对于他们来讲做这件事情的价值目标是非常明确的,95 后员工有唯一并且清晰的目标。就像大家说的只要钱给够就行了,难度在于如果钱给不够怎么办。

对于像云层这种 80 年代甚至于 80 年代之前的人就不一样了,不是简简单单一个钱的事情,公司不但要给我钱而且还要给我长期的发展空间,能够动态地调整并且工作时的心情还要好,最重要的是不加班,要经常能请假陪孩子等。所以其实是有区别的,你说 95 后不能骂,是真的不能骂吗?或者我们会说 95 后或 00 后不能吃苦等,但当我们真正去看会发觉,其实我们只看到了一些 95 后或者 00 后不好的一面,但是没有看到他们更好的一面,于是大家会发觉价值的变化出现了。95 后愿意去做自己感兴趣的事情,而且能够专注地将这件事情做专、做精,并且没有后顾之忧地去完成这件事,因为工作不是为了生存。

我们现在所有人都从生存开始走上有尊严地活着,你骂我是没有用的,你骂得对我认,你骂得不对我走,这就是现在的情况。因为已经没有生存的压力,开始走上了有尊严地活着或者逐步去实现过上自己想过的生活。这个时候面临一个问题,到了三十岁左右的时候,你可能过上了自己想要过的生活,独立自由,但是也面临了很多的责任,上有老下有小、房贷、车贷等,你是愿意为了别人回到生存,还是独自过自己想过的生活呢?这是当前最难的抉择,如图 3-1 所示。

在人生轨迹中解决问题的方式开始变化了。从开始为了生存而拼命工作,到有了较好的生活条件,但是各种欠债很多,要及时偿还,再到高收入带来的高生活品质,这时候觉得天天加班"996"也愿意,甚至"007"也可以,有钱真香。再之后就会发觉我做这件事情比别人做得好,愿意沉迷于工作,日渐肥胖无法自拔,很多时候生活都不需要了,先把

图 3-1　用户价值的改变

钱赚到,因为有了钱之后你会发觉很多事情都能解决了,如图 3-2 所示。

在这个过程中按照标准说法就是时代变化,从"要我做"变成"我要做",这其实就是文化的变革。我们会很奇怪,为什么别人的科技发展比我们快?以前是我逼着你去做创造性工作,例如写代码,逼着你天天写 100 行代码,能写出来但质量肯定不高,因为你不是发自内心去做这件事情。现在我们按工作成果给你工资,你自己决定写多少行代码,当真正放开让你去做的时候,你反而会觉得如果做得好回报是很好的,其实这就是所谓的自由工作制,特别适合 IT 行业的创造性工作。

为什么要谈创造性这个词呢?绝大多数工作是没有创造性的,在这种情况下不需要

看看银行卡上的余额，
乖乖去上班

沉迷工作
日渐肥胖

不被逼到绝路上
就不工作

真香

吃饭

时代进步
从要我做变成我要做

图 3-2　工作的进步

"我要做"这件事情，只需"要你做"就行了，所以在大多数情况下工作仍然不需要主动性，只需被动地推，导致存在大量等待或者拖延的情况。大家在疫情的这段时间会发现，很少有人可以做到逼迫自己进步的，你还是被动的。包括云层也是靠被动方法来做的，云层是怎么提高自己的工作主动性的呢？其实是云层自己立个 Flag，我们下周开始上两天课，说完之后云层可能马上就后悔了，但是说都说出来了，那就逼自己去做吧！所以云层是通过给自己立 Flag 去做创造性压力的，这是云层解决问题的方式。

时代的变化会让我们在做某件事情时，带来成长的变化，会让我们在看待问题时方式和层面不同了，以前看问题会非常表面，都是显性需求，而现在看问题会从最终的价值出发。

最终的价值是什么？云层认为对于一个年轻人来讲最有效的方法，就是在接受寂寞、独立的过程中努力熬出头，熬出头后会发现很多事情都简单了。但如果你不愿意接受这个过程，去谈世界上为什么没有真爱这种事情，那还是简单点，有钱就好。想要有钱，需要花时间去创造真正的价值，有钱往往是最有安全感的东西，因为大部分东西可以用钱买到，大部分问题可以用钱解决。

所以找到最终的价值，是我们成长过程中所看到的价值变化。

3.1　加速交付

敏捷最终实现的是要交付价值，交付价值到底是什么？我们不仅要看显式需求，还要能真正找到用户的最终目标,这个最终目标就是我们需要的价值目标。当价值目标确定后,剩下的过程就是如何让目标快速实现了。

3.1.1　如何加速小批量交付

想要加速小批量交付,首先需要分析交付过程并找到瓶颈,绝大多数软件研发遵守以下流程,如图 3-3 所示。

图 3-3　软件交付流程

交付流程包括创建分支、更新代码、合并分支并发包、发包后测试、测试通过后发布生产等,整个过程其实是很长的。这其中需求以周为级别、研发以月为级别、打包以天为级别、测试以周为级别等、发布以天为级别来更新统计。所以基本上提出需求要一周、研发完成要两个月、打包发布要一两天、测试完成要两周左右、发布上线要两三天,往往交付用户一个价值的时候所需的时间是三四个月一个版本。

例如每个月的第一周固定发布升级版本,在这个过程中我们要把瀑布模式优化。现在的瓶颈很明显,就在月级别的研发过程,因为它占比是最大的。如果我们希望小批量交付,则要减少每次提交需求的量,减少研发的任务,这样交付周期才能从月级别压缩成周级别甚至天级别,而测试也要从周级别压缩成日级别或小时级别,这是小批量研发过程中要去推动流动速度的关键。云层建议大家去玩两遍敏捷中的 Coin Game(硬币游戏),玩过后会对整个流动过程的理解有很大帮助,并且会帮助大家理解看板。看板中会讲到当有了过程,如何去跟踪每个过程的执行状态,从而会特别容易看到瓶颈在哪。

3.1.2　可以多快

通过小批量交付,迭代交付的速度会比以前快,快到什么程度呢?以前瀑布模式以月级别交付,现在敏捷模式通过团队(业务部门、开发部门、测试部门)在一起规划每次迭代的内容,完成之后提交、发布、生产,从而实现天级别发布。而 DevOps 彻底把运维上线过程也整合进来,从而实现小时级上线,如图 3-4 所示。

软件交付理想中最好的做法是像瀑布一样,规定下个星期食堂做什么菜,提前买好这

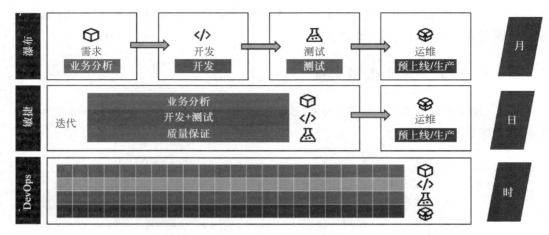

图 3-4　软件交付可以多快

些菜,缺点是不一定能满足用户变化的需求,所以大家会发觉食堂吃久了还是会觉得出去点菜吃好,因为这是自己内心想要的,特别是在食堂没有自己想吃的菜的情况下。

　　现在行业的做法基本是 DevOps,核心是把运维整合进来,没有发到生产上的东西都称为在制品(Work In Process,WIP)。整个 DevOps 里强调的是消除浪费,就像肯德基、麦当劳这类快餐,你要的食物是可以随时快速交付的,而不像传统中餐要吃个煲仔饭大概要等30 分钟,因为煲仔饭不能提前做好,而快餐基本不超过 5 分钟就可以做出来,作为需要果腹的人来讲快速吃饱的价值实现了。

　　DevOps 的一个精髓就是通过整合交付环节的各个角色,以最短的时间交付用户价值。其实这也是生活中特别明显的支付升级,方便、快捷、安全。以前我们买东西需要先规划行程,坐一两小时的车到商店,然后去选,还要对比价格合不合适或者去试穿,看是否好看再下单。现在变敏捷了,我直接在网上买东西,连门都不需要出去了,看到合适的东西买下来寄过来,现在甚至可以直接在体验店试或下单寄回家,不用大包小包地逛商场了。消费的便利及支付的快捷都客观地提高了消费频次或者消费周期,特别是 100 元以内的免密支付,让你觉得买回来这点东西是没有"感觉"的,其实这就是加速支付,那么如何去实现这个加速过程呢?

3.1.3　如何加速

　　做加速一定要求自动化,研发自动化、测试自动化及发布自动化。注意云层没有写需求自动化,其实是有需求自动化这个概念的,但现在已经有需求自动化技术,只要按照模板去填写需求,它会自动帮你做需求分析、自动研发、自动测试的过程。但云层并不推荐现在做这件事情，因为原则上现在所有的东西本质上还是被隔离在业务域外的，现在所围绕的范围并不包含业务域，只能说希望提供给我们的价值尽量小并且尽量准确，但是并没有到如何让这个业务域更快，还是围绕着研发域来谈的，研发域并不是一个业务域的部分内容，所以这就是为什么大家会说像 PO、PMO、BA 工作好像很好做，做产品经理很简单，随便写一写就可以了。其实现在看起来简单，大概半年一年后就很难了，因为只要后端的速度运行起来，对前端的要求就会越来越高，而且非常好量化。在 BAT 公司对于整个业务域要求是非常高的，高在如何花最少的钱做出用户最想要的内容，就像巧妇难为无米之炊。

交付加速有两种方式：过程自动化及减少过程，如图 3-5 所示。

如何过程自动化？例如希望快点把菜做好怎么办，放进微波炉或者蒸箱 30 分钟就好，这就是自动化的做法。减少人工在里面的影响，并且让它更快一点，就是温度高一点、功率大一点。

还有一种方法就是减少过程，核心是减少沟通的过程和内容。敏捷宣言里有一条"可工作的软件优于冗余的文档"，其实敏捷宣言并没有说不要文档，说的是冗余的文档

图 3-5　如何加速

有用，但是不如做可用的软件，即减少对于内容的说明，文档太多其实是没有用的。少沟通是通过同理心主动的方式来开展的，看板讲的就是通过可视化来减少沟通，把以前的 get 变成 push，如同在性能课中讲从点播变成广播的优化过程，让过程减少。想想看，如果每个人都在问你明天能不能发布新版本，不如挂块牌子标注明天一定发布新版本或者明天能发布新版本但还差哪一个部门没有做好，大家一看就知道解决那个"吊车尾"部门就行了，这也是加速的方法。

3.2　过程自动化

Everything As Code 是《持续交付（发布可靠软件的系统方法）》书上提到的概念，也是 DevOps Master 考试必考的一点。所谓 Everything As Code，就是所有的东西一定要代码化，这也是为什么大家会看到最近几年测试开发比较主流，原因是对于绝大多数测试人员来讲缺乏写代码的能力。

测试开发指的是具备 70％ 开发能力，20％ 的测试工具使用能力，再加 10％ 的测试技能思想。在提高交付速度的初期，提高自动化比例是基础建设，这是当下比较有价值的工作，等到自动化达到一定比例，测试开发工作饱和时再开始谈测试设计，所以怎样才能成为一个真正的测试人员或者当下所需的测试人员，这是不同时代下知识体系结构的问题。

3.2.1　项目化管理体系

过程完全自动化后要回到项目化管理体系，如图 3-6 所示。做高流动虽然谈的是研发域的事情，但是仍然需要有一定的需求管理，需求端怎么去做一些高速流动内容，本质上还是任务管理体系和看板体系的内容。

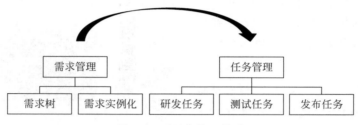

图 3-6　项目化管理体系

项目化管理体系要求两件事，第一是传统需求管理的需求树，敏捷中有实例化的要求，因此需要有树形化的需求管理，否则不知道怎么交付需求，需求管理最后会以用户故事地图的形式来做，但仍然涉及条目化的问题；第二是任务管理，实现对应的需求应该包含哪些任务，这里包含研发任务、测试任务和发布任务对应的内容，让我们能够看到一条需求是什么时候进入研发状态的，研发围绕它做了哪些任务拆分，并且每条任务的研发任务对应哪些测试任务，最后发布的时候把研发任务和测试任务都验证了再发布出去，这时候就需要有一个任务管理体系。

任务管理体系当前的名词叫作流水线（Pipeline），就像制作一个零件要经历几个工序，把确定好的内容从这个设备的左边推进去，右边出来交付结果，如果质量不合格，就把交付结果退回去。软件可以一对一或一对 N 生产，最后的结果是可以回溯的，整个项目化管理体系要可回溯、可跟踪且可量化。

3.2.2　自动化依赖于规范

当前的行为驱动开发（Behavior Driven Development，BDD）、验收测试驱动开发（Acceptance Test Driven Development，ATDD）自动化理想体系，有强烈的规范要求，因为我们希望能够遵守规范去做。当下垃圾分类的要求就比较规范，但其实也有一些模糊的情况，例如盒装酸奶怎么规范,是干垃圾还是湿垃圾?牛奶盒可以非常简单地还原成干垃圾,但是盒装酸奶很难简单地还原成所谓规范的干垃圾,原因是盒装酸奶倒不干净,倒不干净就面临直接就丢到干垃圾里面,拆开来还是大量湿的,但是又不能丢到湿垃圾里面。如果做得规范,就要把酸奶盒拆开洗干净再晒干,然后放入干垃圾,但对我们来讲这很难做到。

所以本质还是在规范要求做到哪个级别上,以前云层上课问过一个等价类边界值的问题,问足球有一部分压在球门线上到底算不算进门,其实这就是等价类边界值中的边界值问题,所以很多场景需要有绝对的判断机制,不能仅是所谓的概念。例如纸盒到底含多少水分是干垃圾,含多少水分是湿垃圾,其实我们是没有这个规范的。干、湿垃圾分类能自动化吗?其实是不能自动化的,因为没有明确规范。因为做不到规范就需人工干预,人工干预就是因为有些边界需要人工去判断和容错。为了解决这些没有明确规范的被测对象,往往通过测试代码的一些容错模式来兼容,但这个做法并不好。

3.2.3　让研发自动化

研发的核心过程就是代码管理,需要有个类似于 Git 的管理工具去做代码管理。如果想有效地让多个团队协作,需要使用类似 GitFlow 的管理模式去做代码多分支管理,如图 3-7 所示。

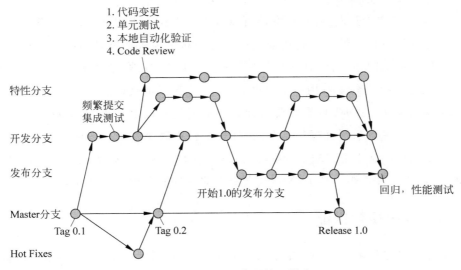

图 3-7　GitFlow 代码管理模式

GitFlow 包含 Master 分支、发布分支、开发分支和特性分支,然后我们会给每个开发任务新建一个特性分支,特性分支完成后回到开发分支,从开发分支提交到发布分支,围绕发布分支和开发分支进行测试,最后将发布上线成功的分支合并回主干。在整个过程中自动化怎么做呢?

手工过程要先去想如何在 Git 上打命令,从开发分支去创建一个分支,接着需要把代码更新到自己的 IDE 里,然后编写代码,写完代码之后要先在本地 Git 上提交,再上传到服务器上,上传完成后要把当前分支代码完整更新到本机上,然后编译打包,编译打包若有错则需再合并,合并完成后再发布。那么如何将这个过程自动化,构建为完全自动化的分支管理体系呢?

自动化管理分支体系是指在平台上根本就不用关心整个代码管理体系是怎么回事,只需看到分支线选择分支使用。测试人员所要的功能是可以快速看到不同的分支状态,并且选择打包部署。开发人员需要方便地新建、选择分支,同步开发环境,并且在提交更新后,自动判断代码是否冲突及是否存在明显的 Bug,如果不合格就退回。

很少有公司能够做到研发体系的基本自动化,大多数公司是开发人员自己输入 Git 命令从服务器上创建新的分支,写完代码后上传,再手工输入 Git 命令做代码合并。人多了之后很容易导致混乱,然后就开始有各种匪夷所思的命名规则,分支多且混乱,导致发布的时候合并困难。这个时候就需要一套管理体系去解决这些问题,帮助大家可视化,甚至收拢权限去管理分支,分支越多合并就越难,最后发布很容易出问题,就是因为要合并好多个分支,各种乱七八糟的分支,谁都能建分支。

解决这个问题可以参考 2019 年在上海举办的 DevOps Days 上一个分享中讲到的 Facebook 公司只走主干开发,所有开发都可以从主干上拉版本出来,然后合并回去。只有一个要求就是谁最后提交谁负责解决前面的问题。这个模式的好处是在这个过程中后面提交的需解决前面的问题,强行逼迫大家不要在主干上长期占有修改权。

以前的问题是拉个分支就用一个星期,写了一个星期的代码后发觉合并不回去了,现在的要求是就给你几分钟时间,想好要写什么马上把代码拉出来改,改完后合并回去只需大概十几分钟。改一点东西就写一点东西,好处是变更越小整个代码的合并代价就越小,两个人寸步不离在一起出现问题了特别容易解决,但如果两个人隔了很远再去看经常就合并不起来了,因为认知差距出现了,所以需要有个非常好的自动化管理分支体系。

3.2.4　代码质量保证

代码质量保证是构造质量(Build In Quality,BIQ)的基本要求,通常通过 Sonar Qube 的代码扫描实现单元测试和度量统计。大多数公司有,但是做好的难度在于,第一,如何推动公司去做单元测试,一般开发人员是不愿意的,要证明自己写的代码是对的很麻烦,而且还有很多业务需要完成,时间上也不允许;第二,需要一个可视化的质量报告来了解业务实现的情况,但可视化质量报告需要业务部门及测试部门辅助才能完成。

解决了前两点问题后，剩下的难题就在于如何推动检查规则的优化，为什么要优化检查规则？因为检查规则如果过于严苛，则无法达到要求。在这个公司由于业务特点和重视程度可能做得比较好，但带到另一个公司去做就未必适应了，这时候就要做一些优化，所以难点在于可视化报告体系。现在一般的做法是从 Sonar 的数据库里抽出来质量报告，再去写一套自己的中台大屏。

3.2.5　测试质量保证

测试过程包含获取测试包、构建测试环境、部署测试环境和执行测试，难点在于环境的申请、部署和测试执行，其中测试数据和部署 Mock 隔离是最难的。

环境如何一键申请、一键部署，如何调度自动化的执行，自动化执行中如何提供测试数据，如何回收测试报告，如何构建特殊测试环境隔离某些模块，这是质量保证所需要解决的问题。它围绕的内容是持续测试，质量保证过程中最后一步是打包发布的规范。

整个测试质量保证过程中对被测对象的规范是有要求的，如果没有规范测试很难做到高度自动化及全流程自动化。

3.2.6　发布流程

自动化的最后一步是发布打包规则，如何确保在不同平台可以打不同的包，并且确保相关配置信息同步正确。

第一，要有明确的构建脚本，如基于 Maven 打包规则，发布基本上以 Ansible 或 K8s、Docker 容器等工具为主。在打包时需要考虑代码与配置信息的分离，因为生产包、测试包和预生产包的配置是不一样的。在 Spring Boot 中通常需写 3 个 properties 文件对应 Dev、Test 和 Pre 3 套配置信息，并且还要考虑自动化测试环境和性能测试环境等额外环境。

第二，如何发布到生产，使用容器、Jar 还是 War 包发布，因为发布速度的要求不一样，还涉及如何做灰度测试、生产测试等，以及如何确定上线成功之后合并回主干的过程。

以上所有过程都涉及自动化，在这个过程中很重要的一件事情是，要理清楚公司每个环节的每步是怎么做的，接着将所有过程变成自动化流程。发布流程很难，如果不能自动化，那么要清楚了解是什么规则影响它不能自动化，最起码要做到关键路径的自动化。

3.2.7　常见的持续交付流水线

在梳理了整个研发流程后，接着来讲解常见的持续交付流水线产品的研发流程，Coding 平台的流程图如图 3-8 所示。

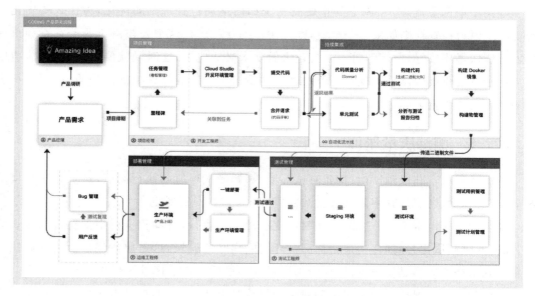

图 3-8　Coding 产品研发流程

　　产品经理做需求排期存在难度,难在如何构建一个产品的交付排期。在任务管理看板中有个问题叫作资源永远是不够的。如果给你无限的资源,则你会无限地放大产品需求,将没用的需求也加进去,前面章节讲过只有限制交付规模才能实现快速交付,如何限制交付规模? 和我们挑选婚纱照一样,所有照片给你看,最后选出几张,不要的全部删除,只有这个过程才会选出你想要的照片,否则你会觉得不如全部打包好了。

　　在这个过程中要做一个管理,管理什么? 一方面,合并请求要跟任务形成对应,一个里程碑对应多个任务,这些任务里包含哪些代码;另一方面,合并请求的代码需要做持续集成,进行代码分析扫描、单元测试,通过之后构建二方库或者发布 Docker 镜像。镜像可以在 Harbor 里管理,二方库可以使用 Nexus 做私有化管理。测试管理中心需要有多套测试环境,如果只有一套测试环境,则所有的测试用例都要在这套环境上运行,会有互相影响。所以原则上至少需要两套测试环境,手工或自动化需要有账号隔离,除了账号隔离之外可能还要动态生成一些数据,所以需要有数据底层。这时候你就会发现构建一套有效的测试环境需要很长时间。在云层看来整个自动化测试里面最大的瓶颈就是环境和数据,而不是测试执行过程,难点在于如何在生成 Docker 镜像时就把需要的数据带进去,甚至数据版本化。

　　测试完多个版本之后接着做什么? 将这个验证好的 Docker 镜像直接一键部署到生产环境,生产环境做生产上的灰度隔离,接着做 Bug 管理和用户反馈,最后回到需求这里就是一个比较标准的持续交付流水线。

对于绝大公司来讲,当需要做一个 DevOps 流程时,本质上就是做持续交付流水线。这就涉及上面提到的各种工具,要么走开源体系把它们串在一起;要么做类似于像这样的产品体系,把所有数据收集在一个平台上,能随时看到一个产品需求现在在什么阶段,什么时候能够上线,以及现在的测试情况。因为对于整个项目管理人员或者高层领导来讲,更需要的是更加全面地去看,价值离交付之间有多远的距离,而不是简单地知道正在做,这需要有量化的数据及可视化的过程。

这是持续交付流水线再上一层要做的事情,流水线工具可以通过各种工具串起来,但是更需要的是在串起来的基础上再去做一个自己的平台。所以大家可以看到华为的 DevCloud 平台、阿里的云效平台和腾讯的 Coding 平台,其实它们做的就是帮大家把开源的东西管理在一起,在自己公司里最后也是要做这件事情。

做持续交付流水线平台首先要理清楚流程,然后自己编写代码及平台,整合流程的各个工具,云层比较推荐找一个开发人员帮你去做这件事情,因为自己去写代码所需要的技能太广了。写一个测试端的工具框架就已经很难了,而 DevOps 级别的东西是很大的,大到更需要一个开发人员甚至几个开发人员来做这件事情。

3.2.8　常见的持续交付工具

当前主流工具中 JIRA 在需求管理上用得比较多,如图 3-9 所示。Git、GitHub 和 GitLab 是常见的代码管理平台,Jenkins 是任务管理平台,Maven 是打包构建框架,Docker 是容器化平台,Gradle 因为做手机端开发要用,所以也要了解。Selenium 和 Junit 用来做 GUI 自动化,做前端 JavaScript 测试需要用到 Qunit,Cucumber 了解一下就行了,不用深入了解。Jmeter、Newman 和 Postman 需要懂一点,因为做接口测试需要,Ansible 作为多平台运维工具要懂,Chef 和 SaltStack 最好也了解一下,DockerHub 和 Harbor 是容器化管理平台,NPM 和 Pytest 作为 Python 的相关框架需要掌握,云平台可根据公司情况选择,日志监控方面 ELK、Zabbix、Dynatrace、Grafana 和 Promethus 都需要掌握。

原则上在做整个流水线体系时,掌握前面讲的这些工具就够了,再根据公司情况可能涉及一些商业工具的整合。如果拥有 DevOps 相关认证能够梳理清楚整个理论体系,在公司中具体落地过流水线工具,则你可达到一个 DevOps 高级工程师的水平。如果有过这类平台的开发架构经验,那么年薪百万的架构师职位也唾手可得。

做过相关的内容就会发现其实并没有想象中那么难,不停地跨栈并熟悉不同领域的工具可能反而是比较困难的。它需要你的知识面很全面,因为只有这样你才能做到端到端的质量保证,其实 DevOps 里面谈到端到端也是在讲这个内容。

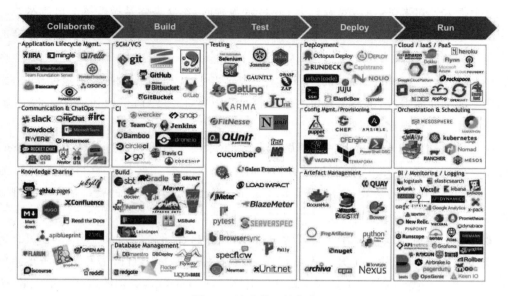

图 3-9　流水线工具集合

3.2.9　构建软件研发效能体系

IT 行业中的软件研发效能体系到底是什么,工程效能? 软件研发效能体系就是要让整个软件研发的效能提升,简单来讲就是速度快、质量好、成本低。

在云层看来研发效能体系是分成 4 个维度去做的。第一,管理效能,需求域如何确认交付范围的有效性,需求拆分质量;第二,研发效能,如何让开发更快地写出代码,框架化、工具、版本管理体系能不能更好;第三,运维效能,如何快速发布到生产上,使用工具和框架体系发布;第四,质量效能,如何低成本地保证质量。

我们需要把管理效能、研发效能、运维效能和质量效能整体提高,才能达到最后的目的。在落地 DevOps 时,往往围绕后 3 点的内容,准确来讲不能称为 DevOps,只能称为持续交付的部分。仅围绕技术级别优化已经不够了,如何管理需求、持续为研发域提供待实现价值是要进一步解决的问题。

我们需要在完整的价值流(Value Stream)中找到各个环节的时间和成本,不断消除浪费、提高效能,这个时候需要从 Ops 往前到 Test,再到 Dev 甚至 Biz,所以如果要用一个完整的单词体现可能是 BizDevTestOps 吧。

3.3　减少过程

前面讲了提高交付速度的第一种方法是让过程自动化,接下来讲第二种方法,即减少过程。

3.3.1　构建交付迭代

资源不足不是无法完成交付用户价值的原因。面对有限的资源,最重要的是做最有价值的事情。

首先要做的是需求排期,用户永远会说所有的东西都很重要,都需要放入交付目标中,甚至会动用很多种方法让你认为它是很重要的。如果有能力,你可以尝试一次性全部满足,但是在能力及资源不足的情况下就要考虑完成最重要的部分。所以说资源不足不是无法完成交付问题的关键,关键在于你怎么去帮助用户梳理更关键的内容。

构建 MVP 的多次迭代交付是一直在强调的内容,通过用户故事地图的迭代计划,在有限的资源下逐步交付用户最有价值的内容,并且在每次交付时根据用户的情况动态地调整下一次的交付目标,从而帮助用户最大化实现价值。

3.3.2　可视化过程

在减少过程方法中寻找合适的路径也是一种有效的方法。当我们使用打车软件时,会在不同成本和不同价值目标的维度选择最合适的内容。例如有些事情是很紧急的、不计成本的,我们这时候会选择打快车或者打专车。前段时间看到一篇文章是一个老板叫一个员工坐高铁去北京给某个老板送身份证,这代表什么? 寄个快递才几十元钱,为什么要你亲自去送呢,这件事情肯定很紧急,花 1000 元的车票也是值得的,因为寄快递要第二天才能收到。

消除浪费的方法是如何在有限的资源下最有性价比地做这件事情。例如云层下个月要从上海去一次石家庄,就看了一下去石家庄怎么走。无疑就是坐火车或飞机,坐飞机大概两小时,价格也就四百多元钱,算算来回的时间大概要 5 个多小时。我又看了有直接到石家庄的高铁,大概要 6 小时,价格也是四百元左右,坐高铁是可以考虑的,还有别的选择吗? 原来还有直达夜车,大概晚上八九点出发,第二天早上到石家庄,11 小时左右。面对 3 种选择,要根据实际情况选择以当前价值最合适的方式。成本最低的做法是坐夜车去石家庄,然后晚上坐飞机或者夜车返回，不在石家庄过夜，但有些人在火车上就是睡不着觉，所以无论如何坐高铁还是坐飞机都要回来，甚至可以在石家庄再多待一天，下午上完课后住一天，第二天再坐高铁回来也可以，还可以顺便在石家庄逛一下。通过过程可视化分析，找到最适合当前公司交付的速度与成本的平衡点，从而提升价值交付的能力。

3.3.3　价值管理

软件交付可以分为 3 个阶段，待交付、在制品和交付品，如图 3-10 所示。

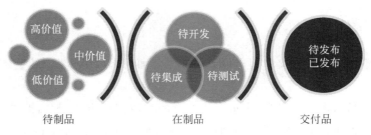

图 3-10　价值过程管理

待交付是指与用户确认过的所有要交付的内容，将这些内容进行价值排序得到高价值、中价值和低价值。推荐在项目开发初期选择高价值、高风险的问题解决方案，因为项目初期高价值、低风险问题是可控的，所以不急着做，应该先把高价值、高风险的问题解决。

首选永远是解决高价值的问题，然后在时间允许的情况下先解决高风险的问题。因为高风险问题没解决还可以解决低风险的问题。如果把低风险的问题先解决了，剩下时间再解决高风险的问题，会出现高风险问题无法解决的情况，因为高风险问题是不可确定的问题，没有办法在时间上非常好地规划出来。

你可以认为高价值、低风险问题是瀑布模式可以解决的，所以定好时间去做就行了，但是在价值管理上应该先做高价值、高风险的问题。在做的过程中就会有待开发、待测试和待集成的在制品，所以管理 WIP 在制品是最重要的事情。如果什么事情都在做，则结果是什么事情都交付不了。

例如云层要考试，会优先学特别难的内容，因为我知道剩下的比较简单的问题肯定能在几小时内解决，哪怕不专门学也能解决。但是我绝不会先把已经掌握得很熟的内容做得更熟，然后剩下一点时间再去做不熟的内容，且在过程中一定要控制在制品的数量，不能把所有的高价值、高风险，高价值、低风险的问题都拿到一起做，因为太多的在制品一起交付，只要某一个在制品不达标，那么整个交付可能就会失败，这也是互联网大小周开发的原因之一，两周一个大版本加一点功能，一周一个小版本改一些 Bug。

一般建议在制品控制在并行小于或等于 4，限制了在制品的数量后，每个在制品的交付时间就会缩短,而整个在制品的流速就会提高。同样,我们在做的事情越少,每件事情完成的周期越短,流动的速度就上升了,所以价值管理的核心其实就在于控制在制品、提高流速。控制在制品很重要,这里云层推荐大家看《凤凰项目:一个 IT 运维的传奇故事》这本书。

3.3.4　从批量生产到单件流

做了价值管理后,接着我们会思考如何把生产过程再做改变及优化。以前传统的生产过程是批量生产,就是 A 生产一批零件,然后给 B,B 生产一批零件,然后给 C,C 再生产一批零件,然后把 A、B、C 组合在一起。这时会出现问题,如果 A 里面有一小批零件是错误的,等到 C 做完我们再去集成的时候发现问题就太晚了。所以需要去改变整个交付过程,传统批量交付过程的缺点就是批量生产等待的过程太长,而如果变为单件流及时生产(Just In Time,JIT)的管理体系,即 A 生产了一个零件就给 B,B 接着生产再给 C,这个过程意味着最终用户等待单个交付的过程就很短了,如图 3-11 所示。

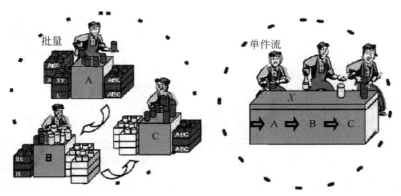

图 3-11　从批量交付到单件流

以前等待成批采购的商品要一个月,当转换成单件流时等待时间变短,在这个过程中单件流的核心是通过减少当前节点工作量来提高流动速度。在提高流动速度做完后还可以想一想做得好不好,如果不好,则可以在下个版本做得更好,这样就可以很快地改进产品了。

当然这里会面临成本控制的问题,因为批量生产相对成本较低。例如云层给几十个人上课就是一个批量的做法,好处就是成本比较低,坏处是无法为每个人的每个问题提供定制化解决方案。但是如果走单件流,给 A 同学一口气讲完这门课,大概 3 天就能讲完,并且还能针对 A 同学的情况做动态调整,下次再讲时这个课程就升级了。其实走单件流对于课程的提升、学习、用户交付是比较好的,因为你花 3 天时间就能学完,而现在走批量交付大概要学 3 个月,大家肯定说 3 天能学完为什么要等 3 个月?因为做单件流第一对个人要求很高;第二成本很高。

3.3.5　4 个流动层次

除了单件流之外还有更高级的做法来提升流动速度,精益管理中的 4 个流动层次如图 3-12 所示。

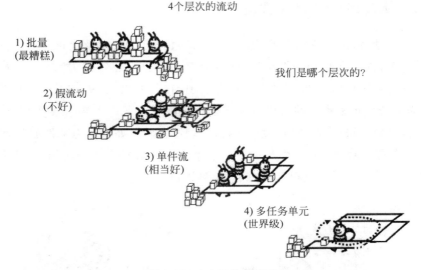

图 3-12　4 个层次的流动

最糟糕的是批量开发完后交给测试,测试完后交给运维去发布。其次是假流动,开发写几个模块后交给测试,测试测几个模块后交给运维,看起来好像是批量,但其实不够好,首先,流动的内容不是一个整体;其次,每个人负责的部分仍然是单工种的。比较好的情况是单件流,也就是一个需求一个功能点,一个代码块一个测试,最后只发这个功能。

微服务(Micro Service)的做法和单件流很类似,要求函数级别都模块化,这时只上一个小模块,互相影响的范围很少,但现实情况是大多数公司很少能实现单件流,因为对整个团队的能力要求太高,更不要说最后一个流动层次(多任务单元)了,也就是全栈。

云层觉得在当下全栈似乎越来越可能了,以前大家认为全栈是不可能做到的。例如云层想拍一个 Vlog 谈一下这个课程,以前要专门的摄影、专门的打光、专门的后期、专门写稿子的人,自己还要会表演、懂专业技术,要求很高,可能需要十几个人去做这件事情。但是现在我一个人就能做到,虽然不会化妆,但可以开美颜,虽然不会拍视频,但现在所有的手机应用都可以自己剪辑、拍摄,然后只要随便买个灯光打给自己就行了,所以现在的情况是工具智能化了,所以做到全栈是比较容易的,测试开发人员要做的事情就是多任务单元级别,即一个人负责整个流程,难点在于有没有合适的工具帮助你做到多专多能。

DevOps 要求人人皆需求、开发、测试、运维,其实是可以做到的,因为工具可以逐步成为服务单元为大家提供专业支撑。以前发布要考虑怎么布线、装服务器、重启服务器等,现在不需要了,买个亚马逊云(Amazon Web Services,AWS)或阿里云,然后发布直接打包上传就可以了,工具支撑你做完所有事情,所以现在可以做到多任务单元级别的内容,也就是全栈。其实全栈不是真正的全栈,而是你能够把所有资源整合在一起,管理起来。

现在的服务平台越来越多,大家在小团队做的事情也越来越多,不像以前做一件事情推动不起来,因为没有这些资源,但现在非常容易推动,所以现在都是小团队化。

大家看李佳琦这样的直播团队,一般也就 20 人以内。其实在我看来五六个人就够了,自己带货、一个配词、一个秘书化妆、一个懂点技术的人,进货、打单和财务都可以远程托管。大家会发现现在所谓的多任务单元级别在变,未来也许大家的工作都是在家接"云"活。

你的工作不会像以前似的在公司里只做一件事情,对公司来讲希望你做单件流的一部分或者多任务单元的一部分,也就是我把事情交给你,你能马上帮我解决。把多个外包公司串在一起去做这件事情,也就是说个人工作室或者多人工作室的形式会越来越多,垂直领域的专业团队会成为稀缺资源。

3.3.6 可视化价值

为了帮助管理整个流动的过程,需要有价值的可视化过程,可视化的最佳方案就是看板。通过看板将需求变成开发任务,再从开发任务展开到具体细节的子任务,从实现研发转到测试,从测试转到发布运维,这里需要有跟踪过程。

可视化端到端的价值交付从而实现前后职能拉通,能够实现以用户价值为驱动中心,做左右模块对齐,如图 3-13 所示。Scrum 体系中的每日站会也非常依赖于看板提供的整体信息,在后面的章节将做详细的介绍。

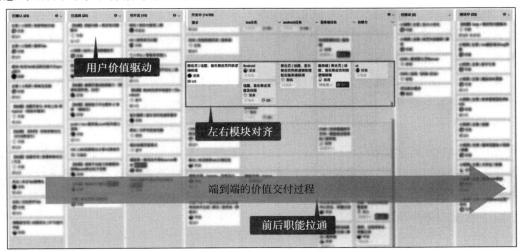

图 3-13 可视化价值

3.4　顺畅高质量交付有用价值的困难

促进价值流畅流动这个过程是通过消除浪费实现的。前文讲解了，第一，什么是价值；第二，如何做端到端的自动化；第三，如何去做过程减法。本节来讲一下常常做不到顺畅高质量交付的原因。

3.4.1　Why Not

很多公司遇到的第一个困难就是目标不一致，往往用户目标和交付目标是不一样的。例如云层想给大家讲的内容和大家想要听的内容不一定是完全对称的，很多人会说云层老师讲得太难了，或者想云层讲得接地气点，但在云层的角度来看是没有必要去接地气的，这就是需求和目标的不一致问题。你可能会发觉云层写的文章太深奥了或者不哗众取宠，不标新立异，看得人很少，导致的结果是一般懂的人都懂，不懂的人也不去看了，核心问题是目标不一致。

其实大家在工作中也会有这个问题，因为在公司里作为交付目标来讲，并没有以用户第一。什么叫没有以用户第一，如果为了用户云层就专门去讲测试开发了，但云层还是想讲点未来的东西，因为云层的目标在星辰大海而不在眼前一时，这就是价值目标不一样的地方。另外一个问题是考核的方法不一样，客户考核永远是以价值为目标，围绕 OKR 来做，但是公司考核一般围绕 KPI，也就是规定你做事情做了没有，如果你做了并且做得好我给你 KPI 考核。虽然现在主流的考核在往 OKR 转，但 OKR 也是把双刃剑，你要去考虑如何平衡是做短期价值交付还是做长期价值交付的内容。

最后一点，也是更关键的一点，即现在做不到关键目标一致，也就是能力不一致问题。客户由于不具备敏捷的认知，无法与交付团队形成共赢心态，导致与你的交付能力对应不上。用户总是希望大而全地交付，不接受小批量交付，客户不愿意跟你反复沟通，最后就会导致客户能力与你的交付能力不一致了。例如云层问大家下个星期想听什么课程，有些同学能提出自己要知道什么，也有同学做不到，因为还不知道自己该会什么，甚至还没有独立解决部分问题的能力。这时候会希望系统地听听老师讲的内容，然后构建个人的能力，进一步问老师该如何解决眼前的问题。

其实现在做敏捷及 DevOps 转型时这类能力不一致的情况也很多,客户有很多历史债,想解决这些问题,但是又不能接受或者推翻以前的架构、流程和人。就像现在孩子读书一样,老师要求的很多任务是要家长参与及协作的,你会觉得这不应该是学校的工作么,但其实你没有具备和老师相同的匹配能力,孩子的教育首先需要家长介入。

3.4.2　研发效能度量

有了以上知识,本节讲解研发效能。阿里的研发效能度量体系如图 3-14 所示。基本上一线互联网公司都有类似的定义,围绕持续发布能力、需求响应周期、交付吞吐率和交付过程质量及交付质量这 5 个点出发,后续章节会专门进行介绍。

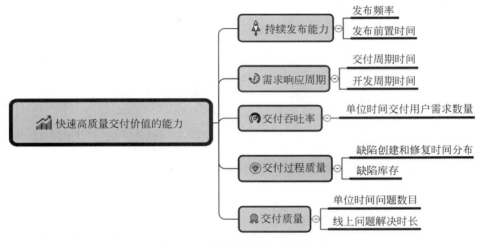

图 3-14　阿里研发效能度量体系

3.5　小结

本章主要围绕着以下 4 点来介绍:第一,价值一定要确定好,且要小批量交付价值;第二,加速流动效率,一切自动化;第三,过程可视化,优化过程;第四,构建整个研发效能的度量与团队统一能力。

3.6　本章问题

（1）当前 CI&CD 流程中哪些已经实现了自动化，哪些没有？

（2）当前团队的交付过程有哪些是可以优化的？

（3）如何帮助客户统一目标、价值和能力？

第 4 章

DevOps 下的持续测试体系

本章讲解如何做持续测试,这部分内容与测试直接关联,还有第 10 章基于 Scrum 体系的测试也与测试直接关联。

这里所讲的内容跟测试没有直接关系,指的是没有直接从测试技术角度展开。因为当下的持续高质量交付问题已经不是测试本身能解决的,也不是持续集成、持续交付、持续测试能解决的,而是需求。如果需求无法持续地做 MVP 迭代交付,则研发只能在已知范围内做明确目标的瀑布交付。

▶ 视频讲解

4.1 持续测试

持续测试到底是什么呢?本节将从以下 3 个角度展开讲解:第一,如何确保持续测试的频率;第二,持续测试到底测什么,它的范围是什么;第三,持续测试的效果,以及如何提升当下交付痛点。

4.1.1 持续什么

快速交付高质量用户价值是敏捷的目标,我们最早谈论的敏捷定义并不是很准确,但可以这样理解,敏捷是针对研发域的,如图 4-1 所示。敏捷可以打通 Plan、Code、Create 和 Test 等过程,可以说敏捷负责的是把东西做出来,至于怎么发布是 DevOps 做的事情。在 DevOps 体系中只做完了还不够,只有把它发布上线到客户那里才是真正地交付给客户,所以 DevOps 希望在过程中每步做出来的结果能马上发到客户手上进行交付。类似于客户说他想要一个限量表,马上就拿出实物交付给用户而不是卖一个期货给他,这就是 DevOps 做的事情。

绝大多数的 DevOps 在公司中最后落地的是 CI&CD(持续集成和持续交付/发布),以下几个名词一定要知道。

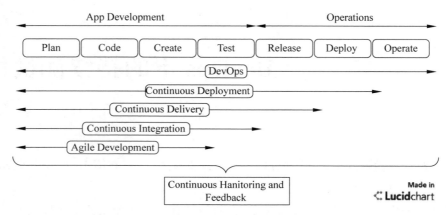

图 4-1　基于持续监控及反馈的交付体系

　　持续集成（Continuous Integration，CI）希望写完的每段代码都能做基本的自动化测试，这里的集成是指把代码整合在一起，并且能保证集成出来的质量。可以认为它是一个基本的组装测试，即组装测试完成后基本组装流程不会出太大问题，这就是一个集成测试，所以在 CI 阶段所做的事情是基于代码扫描或动态单元测试的。

　　持续交付（Continuous Delivery，CD）和持续发布（Continuous Deployment，CD）的核心区别在于持续发布会在交付的基础上自动上线（通过灰度模式可以确保影响范围）。Delivery 指做完了并且测试验收通过了，预生产可以先把它放在这儿，客户想发生产时就可以发生产，但我们不会直接发生产，而 Continuous Deployment 是指自动发到生产上，所以Deployment 会从 Release 再到 Deploy，而持续交付只具备交付能力。

　　Release 阶段指的是我已经准备好了，你什么时候想要我随时都能给你，而 Deployment指真正发到生产环境。直接发生产意味着可以不需要预发（Pre）环境，通过生产的灰度来解决而不通过预生产来解决，这样做的好处在于离真实用户使用更接近了，但难度在于我们对于测试环境与生产环境管理的要求更高了，所以说理想情况是一直要从 Deploy 做到Operate。

　　Operate 指的是线上的运维操作监控，即发布上生产是不够的，还需要能做线上的监控。所以整个交付过程分为 App Development 和 Operations 两部分，以前运维端做的是将你确认通过的 Release 版本打包发到 Pre 环境给大家测试，Pre 业务测试通过后再做部署，部署完再做监控。这种流程有个缺点，即与运维希望减少发布的次数是冲突的，因为发布次数越多意味着问题越多，每发一次都可能会出现生产问题，还要做大量的版本备份、上线、验证，出了问题回滚也很麻烦。

　　在 DevOps 中把运维端打通，核心原因是 App Development 是一个在制品（未交付），而且生产问题希望通过网站可靠性工程师（Site Reliability Engineer，SRE）在生产环境制造错误、回避错误来提升运维能力，但这所有的一切都需要持续监控（Continuous Monitoring）与持续反馈（Continuous Feedback），其实在这个过程中线下测试往往都忽略了线上的问题和反馈。

最后把生产出现的问题交给所谓的后勤部门，也就是客服部门，客服部门了解问题后再推给测试部门，其实这时意味着用户满意度已经在下降。在当前的持续测试体系下，希望端到端的整个过程都是保持测试反馈状态的。

如果做到 DevOps 下端到端的全程持续测试，则意味着测试需要跟在所有阶段上，这时候对测试团队的能力要求是非常高的，所以持续测试的难度是在整个交付过程中需要持续测试，但团队未必有这个能力，这也是往往最后都只是在 CI 或 CD 层次面上落地持续测试的原因。现在看到的在 Delivery 层次上做的持续测试，其实也只是测试开发做的同步测试，本质上就是调一个 Maven Test。

注意

Pro 环境：生产环境，面向外部用户的环境，连接互联网即可访问的正式环境。

Pre 环境：预发环境，外部用户无法访问，但是服务器配置相对低，其他和生产环境一样。

Test 环境：测试环境，外部用户无法访问，专门给测试人员使用，版本相对稳定。

Dev 环境：开发环境，外部用户无法访问，仅开发人员可以使用，版本变动很大。

4.1.2　持续频率

随着交付方式的升级，交付的频率也在逐步提高。在瀑布中端到端的跟踪是月级别的过程，只需跟着每次版本去做一个测试计划，在测试计划里面包含测试用例、测试执行、测试脚本就行了，因为它是按月来做的，所以你会花很长时间去准备，通过自动化来完成回归测试是一个比较常见的策略。

在敏捷中以日为单位交付迭代过程，所以测试就需要开发测试一体化，随时出需求测试，同步做测试设计、脚本一起验证，自动化测试在这里运用得比较多。

在 DevOps 中是按小时来算的，因为周期实在太短了，可能整个需求出来后开发需 10 分钟、测试需 10 分钟，怎么办？所以要提高持续测试频率，这时对测试的技术要求就会进一步提升，需要能够从月级别的测试变成分钟级别的测试。所有都是代码（Everything As Code）是一个基本要求，这里也包含了自动化部署、自动化测试。

4.1.3 持续测试

相对传统测试,持续测试在以下 4 方面有较大区别,如图 4-2 所示。

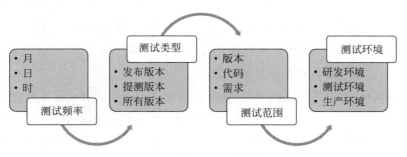

图 4-2　从传统测试到持续测试

(1)持续测试的频率有很大提升,从"月"到"日"再到"时",这需要在几分钟内输出自动化测试的结果,持续快速测试是频率上的基本要求。

(2)测试类型发生了变化,以前做测试是月级别的,到了发布窗口时间会发布一个最终测试版本,测试完后把这个版本标记为可发布的版本再上线。而到了整个敏捷阶段开始有了提测版本,当每天都将发布版本交给你去提测时,你需要考虑是不是要对所有的提测版本做测试。瀑布模式下做测试的时候可能每天也会出版本,但是往往只给你最后一个版本去测,提测后就是最后的版本了,中间过程不需要管,但是到了敏捷会存在很多个版本,每个版本都要尽量测试,因为每个版本都可能交付了一定的价值。

所以敏捷中有提测版本和非提测版本的概念,可以理解为现在大多数软件都拥有的一个每日构建版本(Night 版本),例如 Jenkins 或 Nginx 都有 Night Build 版本,每天晚上自动打包发 Standard 版本,即相对稳定一些的版本,所以就会有提测版本的概念,有针对性地选择部分版本进行测试。而到了 DevOps,要求每个版本都是可交付、高质量的,所以所有版本只要打到代码分支上都需测。

从敏捷开始针对版本的测试就需要有规划了,根据情况去规划哪个版本变化比较大、哪个版本变化比较小,哪个版本需要做全量测试,哪个版本需要做增量测试。一般每隔一段较长的时间需做一个完全回归测试,然后在中间的某几个版本中做增量回归,这需要评估在当前所拥有的时间代价下做哪个比较合算。哪些版本是要测的,哪些是不要测的,所有版本都测实际上是不可能的,敏捷不强调这个版本测试的选择策略,怎么评估呢?

其实就跟大家打游戏选装备一样,有些装备的变化不大,这个装备就没有太大必要去做,只要大概简单用一下就行了,没有必要做全量测试,但是当某些东西有质的变化时,例如游戏套装效果,这时一定要做全量测试,了解整个版本的变化。

第 3 章讲解过版本管理是做自动化提升效率的关键,在好的版本控制下,如果要对所有版本都进行测试,则需要完全自动化整个测试过程,保证每个版本都通过了测试,都可以随时成为一个发布上线的版本。

(3) 在测试范围上,最初是对版本来做的,以保证每个版本的交付符合需求,然后还要测试代码,保证在研发需求上的开发过程是可靠的,最后还要针对需求做测试,确保需求的合理性并对需求进行实例化。即每次版本上的一点需求变更都会围绕这个需求来做。在后面的章节会给大家介绍 ET 探索性测试,探索性测试来自于需求的变化所产生的可能探索的范围,而在以前是只需看代码或者某个版本之间的区别是什么,这就是测试范围的变化。

(4) 最后是测试环境,以前基本是由研发搭建环境去做的,到了敏捷阶段开始走测试环境,DevOps 下不但包含前两个环境还要有生产环境,所以这都是持续测试对于频率、类型、范围和测试环境所产生的一些变化,因为这些会影响测试的要求,最好的方法是做到随时都能测试生产环境。

4.2　高速有效测试

高速有效的测试来自于两点执行效率(分层自动化)和减少测试范围(精准测试),重要的不是怎么去做,而是我们要理解为什么去做。

4.2.1　高速测试

当需要提高整个测试的效率或者速度时,一般有两种方法:

第一种方法是提高执行速度,也就是提高自动化用例的执行速度,所以需要先将手工变成自动化,然后提高自动化效率。提高自动化执行的速度一般有以下 3 种方式。

1. 工具框架

不同工具框架的执行效率是不同的,例如最近蔡超老师在讲 Cypress,说 Cypress 比 Selenium 好,原因是 Cypress 基于 JavaScript 去执行界面操作时比 Selenium 基于浏览器驱动要快,并且学习 Cypress 的代价会比较小,因为它基于 JavaScript 语句,比 Python 还要容易,就像大家为什么会选择 Python 自动化一样,也是因为学 Python 比学 Java 容易一些,上手快。

2. 分布式执行

通过类似 Selenium Grid 的分布式 Agent,把执行机从一台变成多台,多台机器同时执行自动化脚本,效率翻倍;另外,还可以让执行机的性能更好,带宽更大,CPU 性能更高,能运行的节点更多,可以在一台机器上运行 20 个浏览器。

3．分层自动化体系

把 UI 自动化上升到接口操作,效率会成倍上升,当然如果能从接口级别运行到单元级别会更快。

第二种方法是减少执行范围。

从测试的角度来讲,这是最好操作的部分,只需把测试执行效率提高,除了这一点还有什么问题呢? 以前往往存在局部回归和全局回归的问题,当不可能做所有东西的回归时,去做局部回归,通过调整代码去跟踪控制所测试的范围。

敏捷中叫作增量测试,因为需求是增量的,所以测试只针对增量的范围进行测试。增量测试的范围在用户故事地图上有体现,通过迭代计划可以知道最近这个内容被交付了,测试时只需针对已交付的部分去做,关键要能保证交付的增量范围之前是可靠的。

这就是在整个高速测试下面所做的两种方案:提升执行效率和控制执行范围。

4.2.2 分布式测试的难点

当要提升本机或本地执行化效率时,需要掌握一定的运维知识。

SeleniumHQ 框架基于 Docker 容器能够弹性伸缩 Selenium Grid,当需要添加分布式执行机时,只需不停地加 Docker 节点就可以了。这样就解决了以前基于 Selenium Grid 时,还需要自己去配置节点信息的问题,效率很低。

动态管理负载机还能解决负载机动态新增和动态释放的问题,极大地提高资源使用率。但有些方面还可以做得更好,例如当有了更多机器后可以快速配置不同标签的容器,从而管理执行机的环境(Chrome、Firefox、IE、Edge);进一步做脚本的动态分配执行等。

脚本的动态分配执行为什么困难? 如现在有 50 个测试用例(Testcase),想把它们分配到多台负载机上,每个负载机运行不同的浏览器很容易,但要脚本将这些测试用例平摊很难。例如规定这 10 个测试用例运行 S1 负载机,另外 20 个测试用例运行 S2 负载机,这件事情会很难。

大多数人可能想得比较简单,不需要所谓的脚本分配,让 Selenium 自己运行一晚上就行了。首先,随着用例个数的上升,单机运行完所有用例的时间可能会很长,不能满足当前质量反馈的时间要求。直接堆机器顶多可以解决多浏览器的问题,但其实现在多浏览器的问题很少,基本上 Chrome 测试通过就行了。问题是自动化用例其实是有顺序和依赖的,所以很难做到脚本的隔离和动态分配。

到底应该怎样来解决这个问题,有些人建议对脚本进行分组,有前后依赖和没有前后依赖的各分一组。但做 UI 自动化用例,大多数用例是一个长业务链去运行的,并且这个业务链上运行的场景都有前后依赖,基本很难做到整个用例所谓的隔离性,甚至于不愿意做这件事情。大家可以换位思考,当我们做 PO(Page Object)时是希望模块套模块、业务套业务,然后尽量使这个脚本维护起来方便。

在 PO 框架下,做这个业务之前,会调用另一个 PO 做初始化或者前置,然后问题出现了,这样做对当前的单脚本维护性是很好的,对做用户初始化基本上是套一个固定的用户登录模块。但是当你希望去拆分这些脚本的时候就会出现问题,如一个社区发帖子来做自动化用例的管理,这个帖子里会包含一个类似于 BDD 的结构,你只要写一个帖子它就会去做这件事情,然后这个用例会出现帖子和帖子之间的关联,你可以引用另外一个帖子,并且可以有父级帖子和子级帖子,即你的父级帖子下面有跟帖,跟帖其实就是用例的前后依赖关系。

解耦这样的业务会非常麻烦,并且也没必要。就是不要去想现在这么多 UI 自动化用例,怎么让它们能够实现动态分配测试脚本,如何保证它们互相有依赖且顺序不会被动态打乱。可以做个标签,规定这个用例一定要放在一台机器上运行,这个用例一定要在前面运行,那个用例一定要在后面运行,但云层告诉大家根本就不需要关心这件事情,解决这个问题的做法是不要在 UI 上做这件事情,上升到 API 来做。因为 API 的业务是很容易隔离的,但 UI 的业务很难隔离,所以不要在 UI 上解决这个问题。

前文讲解思想维度的时候,提到过什么叫跨栈打击、降维打击。要在 UI 级别去解决问题是很难的,仅 UI 的隔离性就需要做很多事情,在写每个用例的时候就要违背以前的思路。希望 UI 不要有前后依赖性,UI 要独立完成整个业务链,所以你的 UI 就会有个长业务链把所有业务链做完,并且 UI 要解决所有的前后问题,这样会导致每个用例之间的冗余度很大,因为你没有办法把用例隔离成一个所谓的独立模块。并且也不能做独立模块,不能像以前一样写一个公用登录模块去登录,因为这样做会产生一个问题,如何知道公用模块分配到你这台机器上去呢,怎么再去拆分呢? 所以这个时候云层不推荐大家做 UI 自动化。

在 UI 上云层反而建议大家做长业务链,但需基于用户的价值来做,只做用户最有价值的关键长业务链就行了,其他不需要做,而且不要考虑 UI 自动化怎么能够运行在多个负载机上或者能不能在多个负载机上水平分担或动态分担,如果你考虑这个问题了,你就是在给自己找麻烦。这时候只要运行正常关键业务就行了,因为这是 UI 自动化最关键的一点,而如何排列、组合、执行都交到接口级别(API)去做,所以在分布式测试里涉及分层测试。如果大家看过茹总的分享,以前在 eBay 的时候有非常好的策略帮助你管理 UI 自动化,各种机器、各种环境、各种分组的做法,如何实现重新绑定一个组把用例分担开来做。但是其实这个做法并不是很好,因为代价太大了,而且以现在的业务能力和处理能力是做不出来的,所以这时可以在 API 级别做这件事情,但是在 API 级别可能仍然做不好。

并行执行的问题在于要动态拆分什么,脚本要求不能有长业务链,不能有数据前后依赖。到了 API 级别是应该这么做的,但大家仍然做不到的原因是什么?如果让大家运行 API,能实现所有的 API 测试自由地运行在不同的机器上,甚至可以做到有两台机器,有一台机器的负载均衡且比较闲,就把更多用例放到这台机器上运行,可以随意定义负载配比。有两种情况,第一种情况是现在有 50 个接口用例,运行在一台机器上,这台机器没有满的时候另一台机器不运行,先做单节点优先再做后面的;第二种情况是随机分,50 个用例随便分到哪台机器上都行,但做不到,原因是在做 API 时没有实现数据的隔离性。在 UI 上做不到,到了 API 级别仍然没有实现 API 的独立性,运行 API 时还是有业务链在里面,按道理来讲到了 API 级别是不应该出现业务链依赖的。

大多数人认为做接口测试就是可以做长业务链接口测试,但这是不对的。做接口测试应该独立隔离,每个接口只有一个调用不需要有别的调用,不需要先调用别的 API 才能再调这个 API,因为只有做到 API 独立之后,才能让 API 完全不依赖数据去运行。

原因是有两个问题很难解决,第 1 个是测试脚本上所要的数据基础;第 2 个是 API 调用中可能涉及的 Mock,所以实现不了针对 API 级别的隔离测试。

API 测试对大家要求更高,不是简单地去看一个 Swagger 或写一个 Postman 调试一下,而是涉及底层支持。大多数初学者只是按照 UI 的运行法去运行 API,现在大多数的 API 测试,只是把 UI 自动化变成了 API 自动化。

大家想想是不是这样子,通过抓包把 UI 自动化变成了 API 自动化,仅此而已,但实际上这是不对的,所以分布式测试这样做不出来。我跟很多客户聊过这件事情,客户想了半天最后就接受了。其实在两年前,我也会觉得 API 测试是需要有长业务链的,但是现在的我,会觉得 API 测试本身不应该出现长业务链。这也是我的思想变化,对这个问题产生了新的理解,因为我意识到要解决的是问题的本质,不是通过长业务链来做,而是通过隔离的方法来做,特别是再往下的 RPC 级别,例如做 HSF 或 Dubbo 之类的更需要隔离了,这是研发端产生的效果。

大家可能会对短业务链的测试有疑问,应该怎么做,怎么保证业务正确性。短业务链对业务的把握能力要求很高,做不出短业务链主要的核心问题是无法实现业务所需要的数据驱动,或者做不了数据铺底因此做不了 Mock,导致业务无法隔离验证。API 调用的数据基础和 Mock 这两点很难,但是没有这两点本身就不对,做研发的时候如果都不知道怎么生成数据,也不能隔离,无法隔离自测,那么只能做一件事情,也就是等待别人写完之后调用。研发会认为自己写的这个 API 的成功是奠定在别人先写成功的基础上,否则还得写 Mock。研发自己写 Mock 且自己用问题不大,但到测试时写 Mock 就难了,因为对于测试来讲测试用的 Mock 跟研发用的 Mock 是不一样的。为了保证版本是隔离且可发布的,可以发布带 Mock 的隔离版本,这就会有研发规范的问题,要求每个研发团队发布的版本是可以直接自己独立 Mock 的,然后合并发版的时候才能把 Mock 跳过去,所以现在大家应该明白 API 其实可以做到短业务链,但短业务链的瓶颈在于技术问题。本来模块之间高内聚、低耦合就应该隔离,原则上来讲数据库都应该版本化,因为只有数据库版本化之后才能实现想要什么数据就能做什么数据,需要 JPA 框架把整个数据库生成完全是基于 DDL 语句的,数据的插入是基于 DML 语句的。需要什么样的版本,什么样的数据只要执行 JPA 的外挂脚本就行了,DBA 或者研发人员应该承担数据底层生成的基本配置。最后的做法就是直接去数据库上自己输入一些数据,然后简单看一看对不对,但从来没有人想过这个东西其实是可以重构的或者是为大家服务的。

4.2.3　分层自动化

在梳理了上面的概念后,做分层自动化其实就是为了提高测试效率。分层自动化的特点是单元测试快且成本低,UI 自动化很慢且成本很高,如图 4-3 所示。

一般在介绍分层自动化的时候都是这么说的,但这句话我认为不是完全正确的。从执行本身来讲,系统测试其实是成本最低的测试,系统测试可以通过最少的操作实现业务的最多覆盖。它非常符合等价类边界值的设计测试用例方法,即通过最少的用例来证明最多的有效等价业务逻辑。当在界面上把关键路径单击一遍,它会覆盖很多代

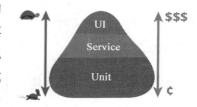

图 4-3　分层自动化的性价比

码,所以在执行上成本最低且效果最好。只要最后的业务没有成功,就可以知道这里面一定有 Bug,这就是为什么以前会大量地通过系统测试来证明问题。

系统测试为什么反过来又说在做自动化的时候成本最高呢,因为它的维护成本是最高的,当去做简单的自动化脚本时,维护成本很低,就是录制回放,自己写一下关键字代码,例如 findelement、click、sendkey。这样就可以完成一个业务逻辑了,做得复杂点可以再做一个 PageObject,这里维护的代价不是很大,但是接着开始进一步扩展,如数据驱动、关键字驱动等,然后把这个 UI 自动化做得越来越重,当界面发生变化时维护成本会上升,UI 自动化在整个分层自动化里相对来讲执行速度是比较慢的,因为执行一步大概需要好几秒,所以在这个维度上我们会说从单元到接口再到 UI,整个 UI 自动化相对来讲成本最高、速度最慢,但是需要注意在测试效果上来讲其实系统测试的效果是最高的,成本是最低的,这就是一个问题从不同角度的看法。

UI 自动化只要做一个很小的脚本运行一下就能证明很多问题,但是在接口或者在单元

测试上写一两个用例是证明不了什么的。它们的区别在什么地方呢？到了 API 或者到了单元级别可以实现故障隔离，UI 自动化后出错是很难定位导致错误的原因的，可以按 F12 键抓包去看一下是哪一步的哪个数据出错了，但仍然不知道它具体出错在哪一行代码和哪种方法上面，但是当作 API 测试和单元测试的时候就能实现故障隔离而直接定位到具体的 API 或者代码上。

系统测试是直接对于价值实现的验证，但是从自动化级别来讲维护成本相对比较高，单元测试的维护成本比较低，而且单元测试执行起来比 UI 快得多，但是从开发脚本的成本角度来讲单元测试的成本是最高的，单元测试的技术要求比较高，大多数单元测试是开发人员自己写的，由于每个单元都需要编写对应的单元测试脚本，因此用例的数目也会很多，而 UI 自动化只要一个用例就能运行很多个功能模块，但是针对一个功能去写测试用例只能证明一个小的功能，如果要达到系统测试的效果需写很多个单元测试用例，从这个角度来算其实单元测试更费钱。

需要注意，这里有很多说法其实是矛盾的，但是站在不同的维度上来看确实是这样的，作为一名优秀的测试人员应该能够理解任何一件事情从一个方面看是一个结果，从另外一个方面看是另一个结果。现在说做 UI 自动化还有前途，但随着人员业务慢慢成熟，UI 自动化技术的进步，学习维护成本也会进一步降低，从而成为通用技能，开发人员自己做 UI 自动化也成为可能。

4.2.4 分层自动化与研发架构

面对不同的测试对象，涉及的测试技术是不同的。

如果有桌面端、手机 App 和微信小程序这 3 种不同的应用场景，怎么进行测试呢？首先要了解实现的架构，桌面端基于 Native 体系，还是一个 Hybird 体系。如果 Native 体系是套独立的窗体程序，则常见的解决方法是使用 QTP 或者 Ranorex 这类的 Windows 控件识别体系工具，建议所有入门 UI 自动化的读者先从 QTP 这种成熟的框架开始入门，因为对象识别的理念是一切的基础。如果是 Hybird 体系，也就是嵌套 Web 浏览器控件的架构，则直接选择 Web 自动化体系即可，例如 Selenium 或者 Cypress。

手机 App 也分为标准的 Native 原生应用和 Hybird 应用。如果是 Native，则可使用类似于 Appium 或 Robotium 框架做原生的界面操作。如果是 Hybird 应用，则可回到 Web 自动化体系。

微信小程序特殊一点，小程序基于微信自己的架构体系，所以要使用微信自己的自动化框架来做自动化。

每种系统都有自己的框架体系，必须知道怎么实现才能做自动化。每种实现技术背后都有一个自动化体系,只要懂得自动化体系就能驱动系统实现自动化,自动化所有的原理只有两点:第一点是对象识别;第二点是对象操作。

在学习任何一种自动化前需先了解如何识别对象及操作对象,例如窗体程序、App、H5的对象捕获和操作,除此之外,小程序只是 JavaScript 的封装,本质上跟 H5 的自动化没有什么区别。但是小程序不能完全走规范 JavaScript 体系,要基于微信自己的平台框架。

小程序的 UI 自动化测试意义不大。首先,小程序不是一个单机程序,只要抓包就能知道如何与服务器交互;其次,小程序在界面上没有什么特别多的功能,没有多少回归的工作量。原则上来讲只要做手工单击的过程,证明小程序的基本功能正确,剩下业务测试运行接口就够了,小程序的接口大多数是用标准 HTTP 协议的。接下来讲解服务器端与客户端架构的演变过程,便于读者更好地理解接口测试的演变。

1. 传统服务架构

最传统的服务架构通过浏览器 HTML 实现界面或者 Native 提供界面,直接调用代码交互数据库从而实现业务。通常使用类似 ODBC、JDBC 的协议来完成与数据库的连接,如图 4-4 所示。

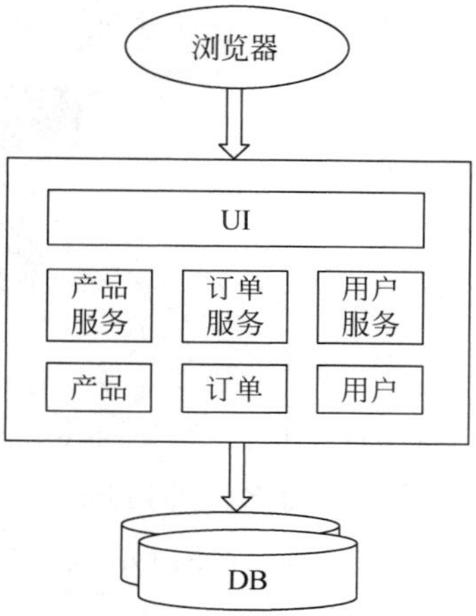

2. 改良服务架构

图 4-4　传统服务架构

为了让多平台都可以使用一套后台,所以构建了 API 网关层。客户看到的只是一个前台交互,所有的业务逻辑都放在了网关后,后台服务独立运行并通过 REST 协议互相连接,如图 4-5 所示。

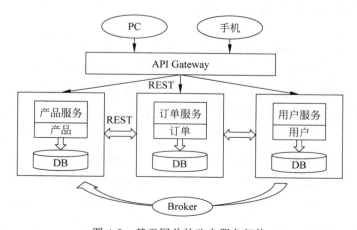

图 4-5　基于网关的改良服务架构

3. 微服务架构

现在应用最广泛的是微服务架构,可以简单地理解为服务,把原本后台内部互相调用代码的方式转化为服务协议级别的交互,而微服务的扩容依赖于容器化及服务与服务之间的 RPC 协议,可以快速上线、扩容整个架构。

4.2.5　常用分层自动化框架技术

常用的分层自动化框架如图 4-6 所示。

图 4-6　常用分层自动化框架

UI 自动化包括 Selenium 和 Cypress,以及 App 使用的 Appium。

接口自动化包括 Fiddler、Postman、HttpClient 和 JMeter(个人不推荐,JMeter 的扩展维护不是很方便),现在用 OKHttp 的也很多(OKHttp 是安卓框架中对 HttpClient 的封装)。

单元自动化主要基于 Maven、Xunit 和 Pytest。

这些工具都是非常基础的、必须掌握的东西,但是当大家会了这些工具之后,会发觉其实都是在"道、法、术、器"上的"器"环节,要做某个自动化用这个工具就行了,然而这只是会使用工具,关键是到底怎么做自动化。

4.2.6　当下分层自动化的问题

当下分层自动化最根本的问题是重复率极高,形态上像分层,但实际上不是分层自动化的体系。如果有条件去看一下自动化的代码覆盖率,就会发现 UI 自动化、API 自动化和单元测试基本上是相同功能、不同维度测试而已。例如今天测试喝可乐,明天试吃糖,后天往身体里打葡萄糖,这些本质上来讲是没有区别的,所以大多数情况下只是自己认为做了分层自动化而已。

举一个经典例子,当有一个三层联动菜单"省、市、区"时,选择省后自动加载这个省内的城市,选择城市后自动加载对应区这样一个三级联动菜单。更新第 1 个下拉菜单会影响第 2 个下拉菜单,更新第 2 个下拉菜单会影响第 3 个下拉菜单。假设数据分别是 7、15 和 6 条,如果要完整覆盖三级联动的所有情况,自动化测试需要设计多少个用例,怎么去做自动化？

　　一般都会使用排列组合的方式来设计 $7×15×6=630$ 个用例，但是当真正做功能的时候，只会随机从里面抽几个用例去测试，因为执行 630 个用例的代价太大了，只能通过抽检的方式来验证质量，但这是不可靠的。所以做自动化要运行 630 个用例，然后断言这 630 个用例都是对的。在 UI 自动化中可以通过获取下拉菜单的元素实现界面遍历的操作，而 630 个数据驱动的断言还是没有办法化简的。

　　那么如果要做接口自动化呢？首先要理清楚三层联动菜单在接口上是怎么做的，原则上接口会这样做：发一个 JSON 请求给服务器，可能会包括 3 个字段 S1、S2 和 S3，对应省、市、区，由于区是不需要的，所以只要发 S1 和 S2。如果有 S1 和 S2，则需查 S3；如果有 S1 没有 S2，则需查 S2；如果 S1 和 S2 都没有，则需查 S1，然后服务会返回一个 JSON 串，包含对应的查询结果。这个时候你会发现在接口调用时还是需要做 630 个用例，针对每个 S1、S2、S3 做排列组合，只不过是从界面变成了请求。只验证接口的这 630 个用例还不够，因为界面上可能还会有别的 Bug。

　　进一步到单元级别，即到了代码里面方法级别就不一样了，例如 SQL 语句。对于这样的三级联动实现需要几条 SQL 语句？有可能一条就够了，SQL 语句输入 S1、S2、S3 这 3 个值，然后查询返回对应的 S1、S2、S3。也可以做 3 条 SQL 语句，输入 S1 返回 S2，输入 S2 返回 S3，什么都不输入返回 S1，然后把返回的 DataSet 转化为 JSON 返回前端。那么单元级别需要几个用例呢？可能只需 6 个，查询有记录和无记录。

　　现在再回过来看整个过程会发现，界面自动化需要 630 个用例，接口自动化需要至少 630 个用例，而单元也许只需 6 个用例，分层自动化的分层奥妙到底在哪里呢？接下来详细讲解。

4.2.7　分层自动化之"行"

　　分层自动化的"行"是什么？先来看一下常见的前后端分离架构的层次关系，如图 4-7 所示。

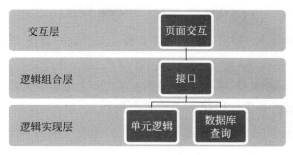

图 4-7　常见的前后端分离架构

在页面交互层测试做什么？下拉列表框弹出选择做一个断言（Assert），断言最后弹窗出来的结果是对的。接口逻辑组合层做什么？第 1 个参数 S1 等于什么数据，第 2 个参数 S2 等于什么数据，且其实没有 S3 了，只需两个参数，然后返回 JSON。单元逻辑这里先跳过不管，只需知道数据库查询就是一条 SQL 或多条 SQL 语句，条件匹配后返回结果，但是有没有发现做的所有断言其实本质上是完全相同的。

交互层上的断言是界面返回的最后所在对应的区或对应的城市，在接口上验证的是参数对应返回的城市或区。在 SQL 语句验证的其实还是这一点，所以在这里会出现所有的断言点都是一样的，只是在不同层次上去断言，这是分层自动化的形式而不是"神"，这样的分层测试不是真的分层自动化。

分层自动化是针对每层的功能点来做自动化，而不是针对每个分层做同样结果目标的自动化。如果逻辑实现层的 SQL 错了，则所有的逻辑组合和交互结果都是错误的。所以分层自动化不是在各个层上做自动化，而是针对每层的功能去设计自动化，这时候要去了解交互层、逻辑组合层和逻辑实现层的架构设计，并在设计架构的功能上来设计分层自动化的目标。

4.2.8　分层自动化之"神"

分层自动化的"神"是什么？本质上是软件开发的高内聚、低耦合，让每层专注做自己要解决的问题，如图 4-8 所示。

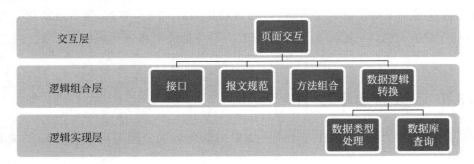

图 4-8　分层自动化功能架构

当下前后端分离的架构，包括 MVC 的开发模式都在划分每层要独立的功能，避免业务功能模块无法复用。

一般逻辑实现层为最底层，负责基本的数据存取，一切业务的基础来自于数据库设计及增、删、改、查。逻辑组合层在中间负责接收数据调用、组合、逻辑判断及返回，而最外的交互层负责与客户交互并完成数据传递及展示。

所以分层自动化的核心是针对逻辑实现验证数据的增、删、改、查,原子操作是否合理、正确,并通过单元测试完成数据库及 SQL 语句的测试。

针对逻辑组合验证接口输入和数据格式,组合多个业务逻辑及数据,检查转换中是否存在问题,通过单元测试或者 API 测试,确保参与的每个环节都正确实现了对应的功能目标。

交互层在与用户交互的过程中会调用后台的 API,通过 UI、API 甚至单元测试进行验证。交互层的 API 及单元测试主要针对交互层中的 JavaScript 类前端逻辑。

4.2.9　Spring 框架的分层测试

在当下主流的 Spring 开发框架中会非常明确地划分这样的层次:请求处理层(Web)调用控制层(Controller)、控制层调用业务逻辑层(Service),以及业务逻辑层调用数据持久层(Dao),分层的主要作用是解耦。Dao 的作用是封装对数据库的增、删、改、查,不涉及业务逻辑,只是达到按某个条件获得指定数据的要求;Service 专注业务逻辑,其中需要的数据库操作都通过 Dao 去实现;Controller 专注于把 Service 完成的业务逻辑转化为 API 服务提供给前端调用,如图 4-9 所示。

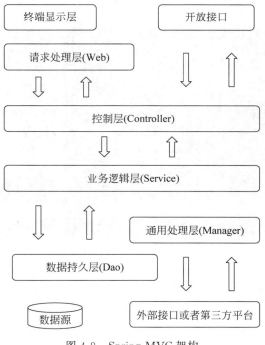

图 4-9　Spring MVC 架构

对于这类的架构常见的测试策略包括单元测试（Unit Test）、集成/接口测试（Integration Test）、组件测试（Component Test）、契约测试（Contract Test）及端到端/界面测试（End to End Tests），不同的策略希望验证的框架目标也不同。

通过单元测试来验证最小的代码逻辑是否达到了对应的目标；通过集成/接口测试来验证多个组件之间的接口通信是否存在报文结构导致的错误；通过组件测试来对多个子单元组成的组件进行业务功能的测试；通过契约测试来完成对消费者及生产者的隔离，契约测试也叫消费者驱动测试；通过端到端的测试验证最终用户视角的业务实现效果。

在使用这些测试策略时需要把重点放在策略的目标上，避免通过一种方式完成所有测试目标，减少同一功能在多种测试策略上的冗余。例如在完成了接口测试的输入和输出测试后，就不需要在端到端级别做过多的业务细节校验了，而应该把重点放在能否完成界面交互操作，最终获得业务完成的界面。

当下的精准测试，基于代码覆盖率的动态监控可以十分有效地评估新增测试脚本的有效性。

4.2.10　分层自动化总结

最后来总结一下分层自动化测试的核心，如图 4-10 所示。

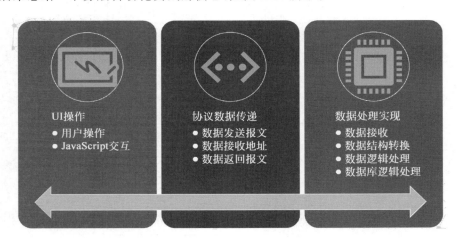

图 4-10　分层自动化技术要点

面试时经常会问这样的问题："请问当你在浏览器上单击某个按钮之后整个系统是怎么工作的？"

这个问题就要求面试者能够全面地了解被测对象，从端到端的整个业务流程操作开始，接着要看懂界面操作用到的协议，再看懂数据的流动。如果能做到在界面上输入一个数据,知道这个数据是怎么从浏览器变成另一个数据串发送给服务器,再从数据库的返回数据变成组合后的返回对象,最终回到界面,做到打通整个数据流程,这时候就能特别有效地去做分层自动化,和做性能测试隔离一样,技术都是相通的。

做接口测试时,其实只需要验证一个业务的数据请求及应答格式,证明这个业务有没有做成功其实不用验,因为真正的业务验证是在单元级别去做的,但是大多数公司的开发人员是不会做单元级的业务验证的,所以导致大多数情况下是在 API 级别来验证业务。

现在回到 4.2.6 节三级联动菜单的例子,到底需要多少个用例,怎么做分层测试才能确保该功能的可靠性呢?

在 SQL 语句级别需要确保:

(1) 数据是如何传给 SQL 语句构建成查询的动态参数的,例如要传 ID 过来,所以要证明调用时 ID 是能正常传过来的,也就是最后拼成的这条 SQL 语句是对的。

(2) SQL 语句本身是对的,能够查询匹配的需求记录。

(3) SQL 语句查出来返回的对象存储,是否正确地返回给了对应的对象进行存放。

例如查询省的功能,首先是省(可能是内部 ID)正确地成为 SQL 中查询项下属性对应的值;其次这条 SQL 语句在静态走读和动态确认下结构功能是正确的;最后是查询出来的区域结果被正确地存放在对应的对象变量中。

在保证了最基本的查询对象可靠、正确后,接着进行 Service 层的单元测试,在这一层要确保:

(1) 被调用的方法匹配的 SQL 对象是正确的,没有出现方法与 SQL 语句绑定错误的情况。

(2) 调用 Service 传递的查询条件参数被正确地映射到 SQL 的形参。

(3) 多个 Service 之间的逻辑组合处理正确,业务经常需要通过多个 Service 来确认。

(4) 最终 Service 返回的结果对象与 Controller 确认的对象匹配。

例如查询省的功能,可能调用 Service 的时候是一个省的中文名。首先需要调用一个 Service 来查一下这个省的中文名对应的内部 ID 是多少,然后用这个内部 ID 去调用对应的 Service,以便查询下级匹配的区域。如果有针对区域的特殊限定,则需用前面查询到的匹配区域再做一次过滤,对无法使用的区域进行标灰处理,将结果对象返回 Controller 层。

在 Service 和 Dao 数据的单元测试后,底层业务逻辑应该已经是正确的了,在 Controller 层做接口测试需确保:

(1) 使用规范的(例如 RESTful)数据结构 Json 来接收前端数据。

(2) 对于非法的 Json 正确地处理。

(3) Json 正确转化 Java 对象。

（4）将对象中的正确属性映射给 Service,并且调用了正确的 Service。

（5）对于 Service 返回的对象,正确地转化为 Json 并返回给前端。

例如查询省的功能,假设最终提供了一个 http://127.0.0.1/city/search 接口地址,传送一个 Json 的数据串里面包含省的信息{"Province":"广东省"},服务器收到这个数据串后会转化为 Java 对象,再把这个对象的 Province 属性值传递给 Service 的形参,最终拼接成 SQL 语句返回,返回的结果是一个数据对象 DataSet,再转化为<List>district 对象,最终转化为 Json 对象并返回给前台{"msg":"done","code":1001,"city":["深圳","*广州"]},这里的 * 号说明该区域无法使用。

在接口测试确保后台逻辑正确后,只需最后保证界面上的交互正确:

（1）切换下拉菜单能够触发事件,产生 XHR 的 AJAX 请求。

（2）AJAX 请求 API 正确,并且正确地提取了界面上的选择信息。

（3）服务器的返回数据被正确刷新到了界面对应控件上。

例如选择广东省,这时会产生一个 http://127.0.0.1/city/search 的接口调用,并且传递{"Province":"广东省"}参数,服务器返回{"msg":"done","code":1001,"city":["深圳","*广州"]},接着前台会刷新市的列表信息,出现黑色的深圳和灰色的广州,此时广州无法选择。

到这里完成了对整个三层联动菜单的数据过程梳理,针对这个功能的分层自动化应注意以下几点。

（1）针对底层 SQL 构建 3 个能查到结果的测试用例及 1 个查不到结果的测试用例。

（2）针对 Service 层构建 1 个调用 SQL 的测试用例,如果有业务逻辑组合,则增加业务逻辑组合的各种情况。

（3）针对 Controller 层构建 3 个不同接口的测试用例,分别是省（Province）,市（City）和区（District）的查询,以及 1 个查询不到的错误返回。

（4）针对 Web 界面,每个下拉菜单的事件触发及下级更新共 3 个用例,对于灰色显示的 JavaScript 情况可以单独加 1 个用例。

这样大概算一下可能只需 13 个用例就可以确保整个业务逻辑正确,而以前需要 630 个用例,这样做是否就能保证三级联动菜单的绝对正确呢?

这样做只能证明处理过程正确,不能代表业务逻辑正确,因为还缺少一个针对数据库中数据源的测试用例,需要证明数据库中省、市、区的表是正确的。这个时候就需要源数据与数据库数据做对比确认。

最终需要 14 个用例来覆盖以前 630 个用例所能达到的效果,而以前使用 630 个用例的原因是需要通过 UI 或接口来重复验证 630 条数据库记录,而这其中会有大量重复校验的模块。

很多时候做自动化测试需要先调用新增或者登录功能,而这个功能虽然不是这次自动化测试用例的目标,但却是必须经历的步骤,从而导致自动化测试的冗余及低效。以业务为基础,看透操作本质,看透协议交互,看透数据流动,构建有效的分层自动化测试。

在做分层自动化,特别是 Spring 框架下的分层自动化时,注意 Spring 自带的@Spring BootTest 注解测试,可以在代码级别完成 API 的测试。

4.2.11　精准测试提升测试有效性

除了可以通过设计有效地分层自动化以外,还可以通过精准测试辅助提升测试有效性,常见的精确策略有两种,如图 4-11 所示。

（1）根据被测试对象的变化范围来执行测试,需要严格规定代码的变更规范,怎么管理分支,怎么提交代码,提交代码与任务的关系及针对这个任务的后续测试。例如今天要发布一个版本,这个版本增加了一个新的类和接口,于是测试团队可以根据发布计划提前准备测试脚本,并且评估可能影响的相关流程模块,选择对应的已有脚本,从而做到减少回顾范围的精准测试。

图 4-11　精准评估测试范围

（2）通过构建针对代码的覆盖率统计,从而准确地获取测试代码执行后的覆盖情况,这样可以有效地评估新增测试用例的有效性,虽然不能证明被覆盖的代码一定是对的,但是没有被覆盖的代码一定有用例遗漏。

代码覆盖率的动态染色已经是当下非常成熟的架构体系,并且也有相关的团队开源了这些框架,提升测试有效性除了上面的两种方式以外,还可以从构造测试数据的角度来提升测试有效性。通过生产数据归类整理回放,从最终的用户角度构建测试驱动或者通过人工智能的方式来模拟用户操作思维模式,从而构建测试脚本,这些技术也在各类技术大会中被频频提起。

测试用例随着业务的增多越来越复杂,但是也在随着技术的成熟越来越简单,如何做到高速有效地测试是一个长期而艰巨的工作。我们可以通过自动化框架及设计,降低重复设计低端测试用例的工作。构建自动化测试教练训练机器进行测试,也许是未来的一个方向,现在做的都还是基础。

4.3 端到端自动化

这里的端到端自动化已经不是指在软件使用上的端到端了，在质量内建的体系下，持续反馈是随着整个交付过程的，所以要把持续测试与整个软件交付过程拉通。

4.3.1 交付过程

在整个交付过程中，用户需求经历了以下流程，如图 4-12 所示。

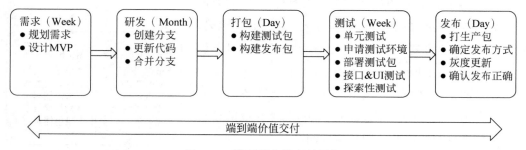

图 4-12　端到端价值交付周期

除了基本的研发、打包和测试过程以外，还需要做测试的左移和右移。左移向前确保需求的高质量，常见的方法是需求实例化；右移向后确保生产的问题预防，常见的方法是生产端灰度或者生产测试。

4.3.2 左移测试

左移测试中最常见的方法是需求实例化，初期与团队的业务人员及开发人员一起确认需要交付的功能细节，设定验收标准与完成定义来明确交付目标，避免实现结果与设计的误差。如何定义验收标准和完成定义会在后面的章节介绍，这里先讲解一下左移测试中常见的两种方法。

1. 行为驱动开发（Behavior Driven Development，BDD）

非常有辨识力的行为测试用例格式，即 GWT 结构，也可以认为是语法，只要工具可以识别这个语法和执行即可，目前没有单元测试级别的工具可以识别这个语法。主要使用相应层级的工具，最为知名的是 Cucumber。

我并不推荐做 BDD，虽然很多人学过 Cucumber 框架，也觉得 Give…When…Then 的结构很好，但是要求需求端人员写出规范的用例格式，特别是在业务逻辑复杂度高的情况下是不现实的，更推荐大家去做验收测试驱动开发（ATDD）。

2. 验收测试驱动开发（Acceptance Test Driven Development，ATDD）

整个团队（包括上面提到的第三方成员）在开发工作开始之前一起讨论，制订每个任务（或者用户故事）的验收标准，并提取一组验收测试用例。这么做的好处在于大家一起讨论验收标准和测试用例，保证了对业务需求的一致理解（这一点是所有开发环节都需要关注的问题）。通过形成测试用例，使标准成为可执行的内容，而不是虚的指标。

通常项目开发进度很紧，大部分公司的开发和测试工作由不同的人员来负责，完全照搬 TDD 流程来开发成本过高。我更建议开发人员使用自动化测试技术编写验收测试用例，只要验收测试用例能够通过测试，就可以提交测试了。

进一步可以基于验收标准去做验收标准的自动化，然后把 ATDD 转化成 TDD 来做。在整个代码框架规范及测试代码规范的情况下是可以做到的，在代码中编写注释及任务信息，从而实现代码化测试用例，通过代码反向生成测试用例树，从而让过去"死的"文档变成"活的"可以执行的代码。

4.3.3　右移测试

由于生产环境的特殊性，导致有些问题会在生产环境出现而在测试环境无法复现，例如数据、历史热补丁更新与代码不同步、配置等，为了更加有效地解决测试环境问题，在生产上做测试成为一种思路。

常说的右移测试（QAOPS）是要在生产环境做 QA，那么在生产环境做 QA 难在什么地方呢？难在如何在生产上去控制错误，作为运维人员来讲是非常反对在生产上做任何不可控操作或者可能引发错误的超权限操作，而有的公司通过可靠性工程师（Site Reliability Engineering，SRE）来支持生产测试。

生产测试的难度主要有以下三点。

第一，怎么解决权限的问题。测试的时候怎么做灰度把测试的权限放开，对用户的权限没有放开，所以测试需要有高权限的账户。

第二，需要数据隔离。测试数据不可能跟真实用户的数据完全一致。例如，以前做 QAOPS 就会有个问题，在生产环境上新建一个商品去卖，同时用户也会看到这个商品。如果用户买了这个商品，这个时候要怎么处理？所以这里需要处理数据隔离的问题，通过影子数据库和特性开关隔离。

第三，日志问题。因为在生产上做测试需要有日志，但日志一旦打开，服务器的代价就会很高，那么要怎么去管理这个日志并且能够让自己看到，并且这个日志还得脱敏，保证不能看到用户的敏感信息。

这里涉及在生产测试中如何做一个独立的灰度环境问题，也就是要保证这一套东西是灰度的，测试数据跟其他的数据是隔离的，测试时数据采用影子数据库，运行于自己的体系，而这一切都是初期设计的问题。被测对象在初期框架中就应该设计这些功能的支撑，现在要在框架上去补东西代价就很大了，这也是很多公司做不了生产测试的原因。

在做生产测试的时候还要注意输入测试的内容，千万不要在生产环境上发一个 test 消息去做测试，这样做风险很大，因为万一发到用户头上，就会弹个框出来，上面会显示 test，用户就马上明白这是个测试数据，如何避免用户意识到在被测试呢？可以发一个今天是什么节日，公司祝福你的吉祥话，或者是一个特殊的活动链接，便于收集消息的到达率。

对于传统行业，例如银行生产测试是要合规的，所以暂时并不能做灰度测试，越不能测试，意味着每次上线可能出现的问题就越多，问题越多越不敢上线，导致上线的频率下降，最终可能导致多做多错，少做少错的心态。在互联网金融的冲击下，银行也在成立互联网金融部门，通过隔离核心业务和外围系统，让外围业务运行于互联网的持续交付体系和生产测试体系，像很多手机银行 App 还是可以做到生产级的灰度测试的。

在生产上要做哪些测试呢？除了基本的业务测试，例如生产端回归、性能测试以外，还有基于生产的日志分析及测试设计，通过把生产的数据抽出来重新变成测试用例，预估明天的业务情况来进行测试。例如今天有人开户，那么这个账户明天大概率会进行存款的业务，于是今天先针对这个账户的镜像账户做一个存款的自动化测试，确保明天客户不会遇到问题，当然这里要处理系统时间快进的问题。

现在常见的还有 Chaos 混沌测试，通过给系统注入错误，来验证系统的健壮性，例如阿里的 ChaosBlade 就提供了这些功能。

1. 衡量微服务的容错能力

通过模拟调用延迟、服务不可用、机器资源满载等，查看发生故障的节点或实例是否被自动隔离、下线，流量调度是否正确，预案是否有效，同时观察系统整体的 QPS 或 RT 是否受影响。在此基础上可以缓慢增加故障节点范围，验证上游服务限流降级、熔断等是否有效。最终故障节点增加到请求服务超时，估算系统容错红线，衡量系统容错能力。

2. 验证容器编排配置是否合理

通过模拟杀服务 Pod、杀节点、增大 Pod 资源负载，观察系统服务可用性，验证副本配置、资源限制配置及 Pod 下部署的容器是否合理。

3．测试 PaaS 层是否健壮

通过模拟上层资源负载，验证调度系统的有效性；模拟依赖的分布式存储不可用，验证系统的容错能力；模拟调度节点不可用，测试调度任务是否已自动迁移到可用节点；模拟主备节点故障，测试主备切换是否正常。

4．验证监控告警的时效性

通过对系统注入故障，验证监控指标是否准确，监控维度是否完善，告警阈值是否合理，告警是否快速，告警接收人是否正确，通知渠道是否可用等，提升监控告警的准确性和时效性。

5．定位与解决问题的应急能力

通过故障突袭，随机对系统注入故障，考察相关人员对问题的应急处理能力，以及问题上报、处理流程是否合理，达到以战养战，锻炼人定位与解决问题的能力。

腾讯也有 Chaos Mesh 同类工具，绝大多数大厂的生产具备了一定的在生产中控制错误的能力。所以与其等待错误出现或者祈祷错误不要发生，不如积极主动地去尝试破坏系统，构建预防及面对错误的预案，构建丰富的容错经验及流程，这才是保卫质量的最后一道防线。

最后总结一下，生产环境下的 QA 就是利用系统在生产环境的不可预测性，通过监控预警等方式收集生产环境的信息，总结分析以指导软件开发和测试过程，从而提高软件系统的健壮性、优化业务价值。

4.4　逃离低速无效测试

在这里我希望通过本书的这个章节能够帮助大家逃离低速无效的测试，怎么提速？第一，围绕着自动化测试去做；第二，仅自动化还不够，还要实现有效测试。有效测试是什么？要有分层，测试是有效地围绕着每层应该做的事情进行测试的，所以要逃离低速无效的测试的关键是什么呢？接下来讲解这个关键点。

大家要认真地思考一下自己的问题是什么？不要总是思考做什么，而应该去想现在能解决什么问题，应该学什么东西从而去解决什么问题。要改变自己的认知程度，以前总想要做自动化测试,就要学 Selenium,现在要思考的是应该对 UI 级别或者接口级别去做自动化测试,或者再进一步,当前系统质量的瓶颈在什么地方,是不是应该围绕它去解决这个问题,这才是我们应考虑的不同层次的东西,从"我做什么"改变成"我能做什么"再变成"我该做什么"。

这就是意识的一个变更,意识变更之后,自然而然会去思考怎么做分层自动化会有效果,并且提升分层自动化的质量和有效性,而不是简单地认为自动化就是一个简单的操作工具化,最后导致大量的无效自动化用例,不但维护复杂而且效果也很差,浪费公司和自己的时间。

所以在做事情的时候一定要问问自己,我不是为了让别人看到我做了什么,虽然它是其中的一部分,但更多的时候是在证明已解决的问题的价值,所以本书一直在谈做敏捷是有价值导向的,也希望大家要有价值导向的意识。

4.5 小结

也许看别的陌生知识会让你觉得困难,但是真地看自己在做的测试,你会发现有很多陌生的地方,毕竟别人只是看个热闹,而自己的职业技能是要看门道的,希望通过本章的内容能够帮助大家重新认知测试知识的广度和深度,而这仅是功能测试,此外还没涉及性能、安全等更复杂的非功能性测试。

4.6 本章问题

结合当前公司的情况,针对持续测试给出 3 条方案。

(1)如何针对当前长业务链自动化测试进行独立性隔离,准备一个业务链进行分解。

(2)评估针对一个业务的有效分层自动化用例分层设计。

(3)针对当前系统进行 QAOPS 的推进方案是什么。

第 5 章

到底测什么，用户故事体系

在谈敏捷的时候，云层一直在说敏捷是为了适应用户变化，交付有用价值，那么什么是价值呢？怎么表达用户价值呢？用户故事就是来解决这个问题的。从本章开始我们逐步展开需求端的内容，构建高质量需求。

6min

5.1 从需求到用户故事

如果说需求是一个确定的并且期望稳定的东西，那么用户故事就是需求产生的来源。既然要适应用户变化，就要把用户要什么变成用户要这个来干什么。

5.1.1 交付什么用户价值

不知道有多少人看过梦婧老师 2020 年 5 月 19 日在 TestOps 订阅号上发表的第二篇文章《年初那些倒卖口罩的人现在竟然……》，为什么卖口罩的人现在都去卖安全头盔了，这是非常重要的事情。我们看到有些人可能随时都在变，可能活得很滋润；有些人永远不变，有活得好的也有活得不好的。

从本书的第 1 章，我们就在说一件事情，现在这个时代变化实在太快了，以前一种方法可以去解决一辈子的问题，但现在往往可能今天是这样但明天就变了。例如当你需要口罩的时候很难买到，当你不需要口罩时会发现该卖的都卖得差不多了。其实这就在透露一个道理，高速有效地交付价值是非常重要的，如果你交付速度慢了，则会变成没有用的，时效性永远是最重要的。

5.1.2 当下问题

如果我们已经将第 2 章提到的持续集成、持续交付流程做好，做规范了，而且第 4 章分层自动化也做好了（每个层次上的管理），那么自然就可以做到很高的产出，这时的交付与研发团队的能力都已经很强了。交付能很快完成，基本上大家都是测试开发的级别，可以很快就把自动化脚本做出来，但自动化做得快了交付质量可能并不好。今天云层正好在一个经理群聊到了大众点评的改版，改版后"推荐列"会出现所有附近的商家，这意味着所有商家的显示方法都变了，那么怎么去做自动化测试呢？

或许你的想法是对象识别、检查页面，加上截图等判断，这些操作看起来效率很高，但其实没什么用。例如不同尺寸终端的分辨率不同，界面显示语句和分句不一致怎么处理？这个做 UI 自动化测试是做不出来的，分句要知道写一个字符串断行不合适，会导致阅读出现问题，所以合适的断行很重要，但是这个现象是做不了自动化测试的。所以会发现某些时候自动化测试做得越快，做出来觉得没什么问题了，但交付客户时会发现问题却出来了，客户会说这不是我想要的，需要修改。

云层上课也经常遇到这个问题，例如我会告诉你这个课程的内容是怎样的，想法是从零开始能听得懂的，但是你一上课会发现压根听不懂。这里最大的出入就在于"高等数学"从零开始，说的不是没有数学的基础，而是从"高等数学"的基础开始讲。所以云层讲"敏捷测试""测试运维"从零开始的时候，其实已经包含了大家所需要具备的很多基础，且这些基础能力会直接体现在我们的日常沟通上，所以会出现很多同学说云层讲得太难了，想听点接地气的或者更多"干货"。企业内训时客户基本上都说简单的不要多讲，讲点难的，我们的基础都很扎实，性能、自动化、脚本测试都会，但真正开始做的时候发现大家对"会"这个词的理解是不一样的。

也许读者会觉得自己自动化、性能、安全测试都会了，那我问几个问题就知道你到底会不会了。

问题一：

如何在界面上定位一个没有 ID 或 ID 是随机的对象，ID 是随机的是因为有很多框架在 ID 后面直接加数字。如果我希望定位一个列表中带某个关键字的一条记录，如何定位这个属性？基本上大多数入门级别的读者不会回答，说老师我不懂，我平时都是打开界面按 F10 键将 XPath 复制出来，至于这个 XPath 怎么写，为什么这么写不知道，这是大家所谓的"会"，当然这其实是理解上大家不一样的地方。

问题二：

在性能级别上为什么要做这个接口的性能测试，这个接口性能前后业务链路是怎样的。业务？做性能测试的时候还有业务吗？不是配置下接口就行了吗？那么云层问你，如何证明这个接口调用成功了，数据库有记录就行了吗？同样的业务运行于 A 逻辑和运行于 B 逻辑性能是不一样的，大家对性能是否会又有点茫然了？

问题三：

系统接口是如何校验状态的，是用 Token 还是用 Cookie 做验证，加密点在什么地方？这时有的读者会说不需要知道，直接调用就行了。一般云层会引导地提示一下你如何保证每个页面进去都是需要登录状态的，然后又开始茫然了。

所以云层会说这其实才是从零开始，或许很多人会说简单的我不想学，难的又学不会，但云层会说这种状态是正好的状态。例如你买一本书，30％看一眼都是懂的，30％大概知道但是具体实现不清楚，还有 40％是完全看不懂的，像这样的书是比较适合我们的。这样的书 30％是可以直接用的，另外的 40％原本不懂的还可以继续学习，这才是一本适合我们的书。

没有所谓写得差的书，书都是针对不同的用户群体的，或许有些人会说很多书的内容都是直接可以百度出来的，但是现实是有很多人连百度都不会，他们是需要这些书的。当他离开通过这本书能解决问题的互联网公司后，再去另一家公司可能就不行了，因为 IT 行业不是照着书解决就可以了，或许其他行业可以，但 IT 行业更注重的是解决问题的思路，思维方式不是照着书就能学会的。例如云层讲的很多内容跟百度上的不一样，是因为这都是基于我的理解后才交付出来的，所以当下我们的问题是到底向用户交付的是什么样的定制化内容。

当下交付的问题不是所谓的技术，技术再好看也没有用，客户需要的是用户价值。用户的价值到底是什么，一定是用户所需要的点，所以我们一定要找到正确的用户价值。

5.1.3　用户价值交付

本节的关键内容是首先要知道什么是用户价值；其次用户价值是如何描述的；再次如何构建敏捷测试左移的体系。这其实是我们在谈 TestOps 或者在整个敏捷测试中提到的左移、中间、持续、右移的问题。

5.1.4　用户价值

接着来分析 3 个常用产品的用户价值，如图 5-1 所示。

IM	短视频	智能手表

图 5-1　用户价值

首先问大家这 3 个产品里的第 1 个,像微信这样的即时通信(Internet Message,IM)软件,它的用户价值是什么?

除了 QQ 以外,最早流行的其实是飞信,飞信可以帮助我们把消息以短消息的形式发送到别人的手机端,以前打电话两元一分钟,短信一角一条,飞信极大地解决了信息传递的成本问题,而现在自从 WiFi 和移动网络普及后,电话和短信基本被淘汰了,为什么现在用微信或者用任何一个其他工具都是在打字,而很少用语音?

需要记住,给别人留一段语音是一个非常不好的习惯,因为你发语音很方便,但别人听起来很麻烦。虽然可以通过文字转换来大概知道你讲了什么,但仍然会出现口音导致的误差,如果打字不方便,正确的做法是语音输入,然后改一下错别字。打字从阅读者的角度来讲速度是比较快的,节省别人的时间而不是节约自己的时间。

我这里说的语音主要还是指语音通话类的,但是你留语音也算的,大家想想看,其实还是 Push 和 Pull 的关系。如果打电话,其实是打断了别人的工作。因为打电话的优先级很高,所以一般没有特别紧急的事情我不会留语音或者直接打语音电话,而打字或者留短的语音留言的好处是,它是一个拉动模式,不会打断对方当前的工作,不会占用唯一通道,对方可以同时跟多个人沟通,这点是基本价值的一个构建。

在 IM 软件中其实会看到有很多成熟的软件,例如最常见的微信、钉钉、QQ 等,还包括国外的 LINE、Clubhouse。现在再回头思考一下,IM 软件的核心到底是什么,为什么企业用钉钉比较多,个人用微信比较多,小孩子用 QQ 比较多,都是 IM 工具为什么却要分多个?

钉钉最让人讨厌的一个功能是什么? 信息已读状态是钉钉的一个最反人类的功能,在钉钉上面会看到你发的消息对方读了没有,在群里面发条消息能看到有多少人已读,多少人未读,但是在管理方面这个功能非常有效。在疫情下,远程管理及办公的大需求下,钉钉的这个功能就成为了非常好用的监督工具,所以疫情下钉钉迅速扩大使用范围,当然这个优势也是钉钉被小学生打 1 分的原因吧。

所以每个 IM 软件都在构建自己的用户群体,通过构建这些用户专用的场景功能,让用户成为固定用户,一旦用户群构建了,通常就不会切换软件了。

第 2 个产品短视频,短视频现在以抖音和快手为主,那短视频的用户价值是什么?

大家为什么要用短视频,以前我们看电视或者连续剧常用优酷、爱奇艺之类的网站,现在开始看短视频了,短视频背后的用户价值是什么?

小孩子喜欢短视频吗? 不见得吧,我觉得短视频的起点肯定不是小孩子喜欢,短视频背后是什么,背后是大家耐心的下降,延迟满足能力在降低。

我在讲延迟满足能力的时候经常会提到一部叫作《七磅》的电影,威尔·史密斯主演的,这部电影有什么特点呢,就是全长 118 分钟,而开头的铺垫占 116 分钟。如果以我现在的性格是绝对坚持不了看到最后的，那时候是因为这部电影的评价很高，所以坚持看完的，当然看到结局的时候突然发现前面所有的一切都是必需的。

短视频是什么？短视频其实本质上就是大家想获取信息比以前更快的过程，跳过所有所谓的分支直接让你达到结果的目的，这也是为什么现在大家很喜欢看叫作"五分钟带你看完一部电影"或者"三分钟带你看完一个故事"。

短视频本身的价值是什么？就是希望通过一个很短的视频，在短时间内给用户讲一个故事，因为文字和语音不如视频吸引人。如果一个故事太长了，要讲很长时间怎么办，把它分成多个小的内容，例如现在微信小视频就是推荐一分钟内的，云层在做小视频的时候就要反复录多次保证将一个问题控制在一分钟内。如果按照现在讲敏捷的形式，一口气讲 90 分钟，大家早就走神了，对吧？

最后我们来聊一下儿童智能手表，这个产品为什么会存在而且销量很高，它的价值在哪里？

首先用户群体是小孩，那小孩为什么要用智能手表呢，要通信买个手机不就行了吗？现在智能手机比这种智能手表便宜多了，开个少儿模式，连定位都解决了。所谓的要保护孩子，知道行踪这种东西，如果人家抢了手表不也没啥用，还不如运动手表的行动记录来得准确。如果你想知道孩子是不是出去玩了，去哪里玩了，孩子肯定会做一件事情，就是把手表摘了，放在教室里面，然后出去玩，玩完了回来再戴上。给孩子手机孩子会玩手机游戏，给手表可以避免这种问题，但是现在手机都有锁定功能。所以前面讲了很多假需求，为什么孩子不要 iWatch，不要 iPhone 一定要一个儿童智能手表呢？因为现在的智能手表有自己的圈子，想认识别人，碰一下手表就可以加好友了，是不是有点像我们的扫码加好友或者摇一摇加好友？你想认识别的同学没这个就加不了，iWatch 就不香了，买个顶配的手表比买个 iPhone 有价值得多了。道理跟给 IT 人员买个好的机械键盘比买个好包有意义得多是一样的，因为 IT 人员一看就知道你送的键盘很贵，但是未必知道你送的包很贵。

进一步来讲，少儿编程有用户价值吗？通过少儿编程培养孩子的数学逻辑能力对不对，从计算机专业角度来讲小孩子去学机器人编程能达到培养数学逻辑能力吗？貌似我们现在写自动化测试代码的专业工作也没怎么培养自己的数学逻辑性，写代码就是个死记硬背的过程。

那么智能手表的价值在什么地方呢？首先，智能手表让小孩子逼着大人买，而不能让大人逼着小孩子用，所谓可以定位孩子位置之类的功能其实都是让小孩子给大人一个借口："爸爸，我想要这个手表。"孩子才不会选择用你准备好的微信，做什么都会被你看到，因为人都有隐私。

例如再换个概念，当你从高中毕业考上大学的时候，一般移动、电信、联通都会给你发一张免费的电话卡,送你两个月的使用权,为什么运营商会做免费贴钱的事情?潜在客户是要培养的,只要你用了这个手机号,有了朋友,再换手机号就很麻烦。智能手表真正可怕的地方是什么,智能手表的核心价值是首先培养小孩子的朋友圈,孩子和大人产生了个新的圈子去隔离,而它会占领整个市场。你用了我的手表,再用别的手表就加不成好友了,就跟用 iPhone 和用安卓是一样的,虽然 iPhone 的微信和安卓的微信是互通的,但在游戏时你会发现安卓服务器和 iOS 服务器完全是两套服务器,这就是圈子。我爱人说来陪我打个游戏,我是不是还得买个 iPhone,这就是圈子。

按照我爱人的说法就是,当孩子到了初中的时候他就不会跟你玩了,因为跟大人没什么好玩的,大人只要给钱就行了,剩下的是小孩子之间玩的事情,要什么大人,再说了都有这个条件了孩子容易丢吗,现在城市里面不太容易丢了,就跟小偷失业的原因不是警察多了,而是大家都用数字支付了,并且到处都有摄像头。

所以不停地思考产品的用户价值是我们找到自己应该优先做什么的最关键的内容。

5.1.5　黄金圈法则

我们在思考整个用户价值的时候,首先一定要有一个明确的目标,这个目标就是针对这类型的用户产生的价值;其次,在思考价值时要基于 Why、How、What 来分析,核心是给予用户什么样的价值。感兴趣的读者可以了解一下精益体系中的黄金圈法则,如图 5-2 所示。

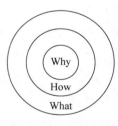

图 5-2　黄金圈法则

成功人士之所以能够成功,并不是因为他们把自己正在做的事情或产品宣传得多么花哨,而是因为他们切实向别人传达了这些具体事物背后的信念与愿景。大家对他们的支持,不是针对具体的人、事或物,而是来自于对这些根本理念的赞同。

把 Why 放在第一位,优先进行传达,之后再将信息由内圈扩展至外圈。人们在了解了他们的行事原则和所代表的理念之后,就会因为赞同这些较为抽象的概念而支持他们要做的具体的事和生产的产品。

5.2　有效聚焦用户价值

通过前面的铺垫,希望大家找到用户价值的感觉,从关注怎么做一件事情变为为什么要做这件事情。

5.2.1　故事是讲出来的,不是写出来的

有效地聚焦用户价值需要先梳理出用户价值,用户价值是怎么来的呢? 云层会说是讲出来的,而不是写出来的,即我们所有的故事都是讲故事而不是写故事。

一般在需求实现会议或者实例化需求会议中往往会出现这样的场景,如图 5-3 所示,大家都在按照自己的认知来描述,经常导致争吵,最后好不容易达成了一致。待到交付或者细化的时候又会发现每个人对同一件事情的认知是局部的,只有再一次协调,才可能达到最后共赢的结果。

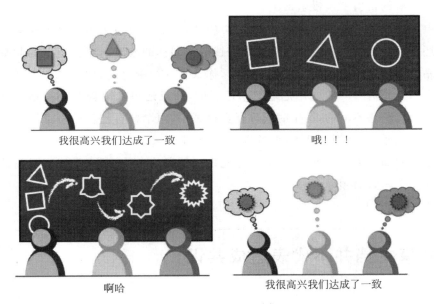

图 5-3　说人话,少吵架

面对这种常见的场景就需要从为什么开始,形成统一的出发点,围绕要解决的问题来讨论出做什么,怎么做。

5.2.2　团队需要一个会讲故事的人

讲故事提到了目标,那么目标是什么? 举个例子,找肖战代理小鹿茶的价值到底是什么。

大家有没有注意到,从 2020 年三四月开始,喜茶、奈雪、瑞幸等都开始提供小杯装奶茶了,提到小杯装,客户会直接联想到价格降下来了,而作为企业来讲用户的复购频率会极大地提升,企业可能通过降低利润的方法将单价控制在用户能接受的范围。公司现在生存比较难,疫情来了,大家出门少,连奶茶都不怎么喝了,并且一杯奶茶 20～30 元也是很贵的,做

成小杯还是能喝到品质一样但量少一点的奶茶,可是单位价格降下来了。疫情来了之后小杯装奶茶的销售量反而上升了 30%,但这 30%产生的消费数目并不代表多赚钱了,因为之前一杯能赚的钱可能现在需要 2～3 杯才能赚回来。

对外我们怎么讲故事?你看奶茶店每天来购买奶茶的人比以前多了很多,销售量直线上升,这是一个讲得很好的故事,因为它有想象的空间。

故事有了想象空间才能创造出后面的价值。例如瑞幸讲的故事就是现在国人越来越喜欢喝咖啡,特别是现在年轻人跟以前不一样了,如果培养整个年轻人的习惯,是不是就可以做一个新的咖啡市场?再列一下中国人的总人数,然后列一下年轻人的占比,这个比例一出来整个故事的价值就慢慢引出了。

移动电源这种所谓的站像街电、怪兽之类的,它们的核心在于当你借了移动电源之后,如果忘记还了,则要赔很多钱,它是靠这个赚钱的。同样的故事出现在所谓的共享雨伞上,我在火车站或者地铁站里面放一把共享雨伞,你拿了这把伞之后,如果忘记还了怎么办呢,你是不会专门跑到借伞的地方再把这把伞还了的,而且还可能出现一个问题,也就是你去还伞的时候可能是塞不下的,这个时候你就觉得算了,雨伞归自己就赔一点钱吧,但作为提供雨伞的平台就赚了,因为一把 10 元的雨伞 60 元卖出去了。

这就是我们如何去讲故事,会讲故事才能找到更高的价值,而不是解决眼前的小问题,特别是作为一个团队的领导。

5.3 共享文档并不代表达成共识

我们在做一件事情的时候,首先需要明确故事的价值点,那么有了用户的价值点,是不是直接写出来就可以了? 以前瀑布模式下一直都是这样做的,为什么现在敏捷说需要轻文档,是文档不重要了么? 直接使用需求文档不是最合适的,第一,有格式问题; 第二,不使用故事的格式表达会导致一些问题。

5.3.1 错误的需求描述

格式不一致,不使用故事的格式描述需求会导致怎样的结果? 瀑布模式下都是使用描述性文字进行直线性的编写需求,最后发现写出来的结果和我们想要的不一样。往往客户和需求人员确认需求,需求人员写成需求文档,开发人员依据文档开发,测试人员去测试验证,然后可能会发现这几块内容都是不一致的,原因在于我们基于文字去理解的时候,需求文档并没有明确描述最后的需求价值，并且往往会给人带来歧义，如图 5-4 所示。

　　之前看到一个帖子，有人在网上买了 5 个老鼠夹，里面还有一根店家送的香肠。店家的想法是有了老鼠夹总还需要诱饵吧，预售送了有毒的香肠，而用户看到香肠后认为是店家做活动还有赠品，于是吃了诱饵香肠，31 天后用户在商家订单下写了追评，如图 5-5 所示。

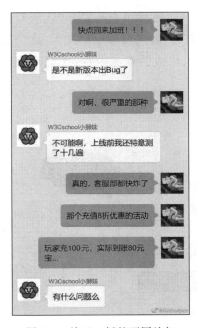

图 5-4　关于 8 折的不同认知

图 5-5　老板想多了，顾客也想多了

　　大家觉得这个故事的价值点在哪里？31 天才追评，是在医院躺了 31 天，这就是故事。

　　所以希望我们的团队从 BA 到 TEST，从 BA 到 DEV 要的不是一个所谓的文档，而是一个故事的目标价值。有了目标价值之后，整个团队才能统一思想帮助用户解决问题。技术人员从技术层面上解决问题是很简单的，但是这个解决方案可能并不是用户想要的内容，因为往往输出的解决方案是基于 BA 的。一般到冬天稍微有点凉的时候，很容易区分小朋友是爷爷奶奶，还是爸爸妈妈带的，因为爷爷奶奶总觉得孩子冷，要多穿衣服；妈妈要把小朋友打扮得精致可爱；爸爸却认为孩子有的穿就行，不讲究。这就是不同用户、角色不一致，他们的价值也是不同的。遇到不同角色我们需要做的是有效沟通，这里就需要"说人话"。

　　讲故事的时候要求大家"说人话"，其实大多数公司是做不到这点的，例如研发人员讲专业技术，BA 讲客户就这么要求的必须做，测试人员讲如何开展测试，最后所有人想的都不一致，这是正常现象。首先需要解决大家不"说人话"，都先讲大家能听明白的，先统一目标价值。这也是现在市场要求大家人人是产品、人人是研发、人人是测试的原因，因为只有大家技术均等才能一起去讲一个用户故事。

5.3.2 编写用户故事

一个团队使用一个用户故事来描述用户价值,一般都是从这个内容带来的收益开始,到如何从技术上实现,实现需要哪些内容,还需要哪些团队成员支持、配合。其实在这里所有用户都遵守 3C① 用户故事规则展开,基于卡片、沟通、确认编写用户故事,这个故事写在一张小卡片上,经过沟通和确认后,卡片上写着简单、快捷的描述内容,这就是用户故事的标准格式,如图 5-6 所示。

- 一个完整的用户故事包含3个要素。
  - 角色(Who):谁要使用
  - 活动(What):要完成什么活动
  - 价值(Value):为什么要这么做,这么做能带来什么价值

图 5-6　编写用户故事

需求正在从定量回到定性这个维度上。以前需求规格说明书上都列清了需要多少个页面,页面对应多少个功能按钮,定量是明确的,因为不明确没办法进行测试,甚至需要细化到用户输入对应数据,做功能操作等细化到具体返回结果,但现在变成定性的了,因为业务所想到的内容和技术所想到的内容是不一样的,经常出现业务方觉得很简单,但技术层面上很难实现或当前做不出来,例如基于用户终端主题自动更新手机壳颜色、基于用户心情指数自动调整终端屏幕亮度等。

所以要先确定大方向,然后团队一起去做验收标准,因为用户故事的价值核心目标就是实现用户需要的价值,所以验收标准是非常重要的。

例如学习敏捷测试课程,验收标准就是了解什么是敏捷测试,掌握如何在敏捷体系下保证质量,而测试开发课程的验收标准就是你掌握了对应的编程能力,并可以基于代码使用和开发框架,不同目标的验收标准是不一样的。

学习技术课程相对简单,通常只需不断地模仿、练习课程上的重复操作过程就能掌握,

---

① 3C:Ron Jeffries(2001 年)称为卡片(Card)、对话(Conversation)和确认(Confirmation)。

但理论课相对较难，需要真正明白、理解为什么要讲这个内容，什么情况下会遇到这个问题，结合自己的工作找到对应的场景，所以云层的课需要听三四遍以上，不然听不懂，这是因为难度和层次不一样，技术课定量，而理论课定性。

5.3.3　用户故事 INVEST 原则

如何判断一个用户故事是否优秀，一般通过 INVEST 原则来判断。

INVEST 指 Independent（独立的）、Negotiable（可讨论的）、Valuable to Purchasers or Users 有价值的（对用户或客户有价值的）、Estimatable（可估计的）、Small（小的）、Testable（可测试的），这 6 个英文单词的首字母缩写组合。

在讲用户故事的时候需要遵循 INVEST 原则，也是测试需要关注的地方。回想以前需求做不好的主要原因有以下 3 点。

第一，它是不具备可测试性的，都不具备可测试性又怎么能知道最后实现的是什么？

第二，不一定有价值，因为描述不清晰，也不知道事情最后的价值是什么，甚至测试人员和研发人员永远不知道这个功能做出来有什么用，但是需求人员告诉你这是业务需要的，在不知道用户价值点的状态下，输出了一个我们认为是用户价值的内容。

大多数情况下我们不认识客户，也不在相同的同理心上，不知道用户价值目标，导致无法对用户价值进行排序和整体规划，一旦延期就是交付整体失败。

例如用户说做一个送花的功能，如果不清楚用户故事价值点在哪里，可能对于我们来讲花送出去就行了，但是为什么送花，除了花还有什么，花用在什么场合都不知道，故我们必须知道该功能的价值点，为不同场合送对应的花，实现对应目标才是我们的价值，否则送花功能是没有什么价值的，和送快递又有什么区别？

第三，不可估算的，这是导致项目延期的主要原因。因为故事偏概念而导致比较难以估算，所以就需要故事足够小并且由团队共同承担估算结果，常见的方法如敏捷扑克。

以前的需求评审方参与测试，主要是对测试任务进行细化，而现在在做需求实例化及需求讨论的时候，测试要承担的内容会更加全面。

5.4　构建敏捷下的测试用例

在有了用户故事后，我们基于价值导向得到一个定性的内容，这时候就要针对用户故事来编写测试用例了。大多数敏捷测试用例可以通过验收标准延伸获得，关于验收标准可参考 5.5.1 节的详细介绍,但测试用例在定性上从某种角度来讲是做不到的,例如中国最好看的女性的前三名是谁,男女的理解是不一样的。男性一般会从高圆圆、林志玲、王祖贤、邱淑贞等人中选,而女性可能会从迪丽热巴、周冬雨等人中选。

好看只有定性而没有定量,测试是很难的,例如弯弯的眉毛、明亮的大眼睛、小巧的嘴巴、瓜子脸等这些是定量的描述,而定性的描述往往是古典、东方美等。

INVEST 原则中的可测试性用于解决用户故事过于定性的问题,但是仍然存在知道大概怎么测却没有明确定量指标的情况。也就是大家常说的一个词——需求,这都是在敏捷模式下测试用例如何编写需要解决的问题。想清楚怎么设计测试用例比如何测试更重要。

5.4.1　传统测试用例与敏捷测试用例

传统测试用例和敏捷测试用例的区别如图 5-7 所示。

图 5-7　传统测试用例 vs.敏捷测试用例

当我们得到需求的时候会发现传统用例因为需求是定量的,所以内容一般明确在某个文本框中输入某个参数,在单击某个功能按钮时,界面提示对应内容。传统测试用例一般不依赖于其他的前置条件,可以在执行者无基础的情况下执行,非常像检查单。例如出去旅游时列好出门清单,一个个核对并放入行李箱。通过丰富的测试用例来完整地确保软件的质量,在回归执行上需要非常长的时间。

而敏捷的用户故事首先偏定性,所以用例也会偏向定性,例如用户希望有某个实现保存的功能,我们需保证的是能保存就可以了,至于保存的内容是什么不是关键。如果保存的内容不对,则说明在用户故事中未表达明确,下次补上就行了,因为保存功能是核心价值,保存购买历史还是保存收件地址是关键,而收件地址里要保存多少条并不那么重要,至少不是最优先要实现的功能。

其次,敏捷用例是通过对其授权执行,即执行者能够通过用例与设计者目标对齐,明白设计的目标、思路。敏捷测试用例不需要限制执行者的思考方案,如何执行可以自由发挥,这也是敏捷测试用例不写那么详细的原因,它不会包含大量的等价值和边界值之类的方法来设计用例,能力对齐后让执行方细化即可,敏捷追求的是快速执行,以便实现核心价值覆盖,代码化及自动化也是敏捷测试用例中的推荐做法,进一步减少文档的缺陷,构建测试活文档。

5.4.2　梳理敏捷测试用例

例如有一个用户故事是，用户需要一个支持支付宝登录、绑定的功能，那么它的价值关键点在什么地方？

第一肯定是需要支持支付宝登录；第二是绑定支付宝账户。即它的目标首先是用户可以用支付宝账户登录，即解决登录问题；其次是绑定支付宝账户，那么这个故事引申出的价值是什么？支付宝登录并绑定账号后直接付款就可以了，只是付款吗？付款有订单信息、收件信息、付款形式，且付款中的货到付款需要调用芝麻信用，它的价值点是在这里么？

若价值点在支付，测试的核心是不是只是支付？第一，用支付宝登录后付款成功就可以了，支付什么商品、如何支付等都是非关键性的，写用例围绕登录、支付两个点就可以了，那么我们思考的方向是否基于这些展开，例如某种场景下直接跳出支付宝登录。

第二，何种场景下可以支付成功，何种场景下不能支付，其他的并不关键。第一个需求是使用支付宝登录，如果支付宝状态处于某种状态下，则不予登录；第二个需求是当支付宝处于某种状态时可以登录，登录成功后页面显示对应数据。

以前的需求是通过树状结构进行条目化的管理方式，很多场景需要凭空猜想，研发和测试都是对这个场景展开工作的，我们从设计部分开始梳理。

5.4.3　基于思维导图的测试用例设计

为了快速展开设计思路并且全面判断是否有漏测，通过思维导图快速去设计测试用例是比较主流的方法，如图 5-8 所示。

测试会从首页打开并可以登录，支付时未登录状态需判断是否需要登录，单击收藏、我的等模块也需要判断是否需要登录。明确方向后给出大概的测试用例说明进行证明，哪些场景需要判断是否登录，但没有很细致地去考虑正确的用户名、密码登录、登录取消、登录失败这些场景，且这些是建立在绑定账号成功的基础上的。如果绑定失败应如何检查，这些都是要考虑的。

初学者得到这些用例时是无法开展测试的，而较资深的测试者则可以，因为在敏捷下强调的是自己设计用例自己执行。敏捷不需要有专职的人写一份覆盖很全的测试用例，然后告诉所有人如何去执行，且敏捷不会出现交换测试用例执行情况。

当然测试用例执行时也需要跟踪，敏捷通过自动化实现，如果没有自动化，则可以通过探索性测试（Exploratory Testing）实现。

敏捷通过快速迭代减少每次交付的范围，从而把以前动辄几百，甚至上千条用例缩减到几十条，配合逐步自动化，减少每次回归的代价，所以不需要写很长的文档，版本工期为

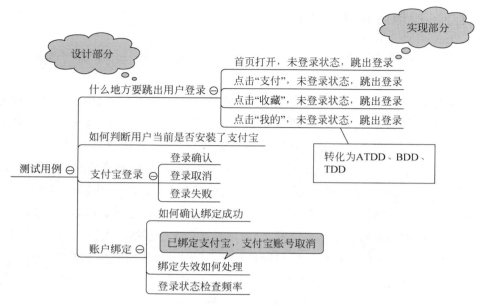

图 5-8　基于思维导图的测试用例设计

10～14 天,以前花大半个月甚至一两个月写的文档除了证明以前写过,现在来看是没有价值的。

现在互联网公司"一句话需求"已经很常见,这是常态,是正常化,因为我们的核心是梳理出这句话最后的价值是什么。像产品经理说客户需要这个功能,我们直接做这个功能是没有问题的。

例如女朋友需要一个惊喜,如果你直接问她:"明天过节,你想要什么礼物?"这就送命了,我们一定要自己去想,需要有惊喜。且日常生活中她会给你指引方向的,如平常逛街看到某件衣服或化妆品驻足,或偶尔抱怨说某些物品不好用,这就是需求。我们围绕这些隐性的需求去做,而不是说我明天送你个礼物,你想要什么,她的故事价值不在礼物上,而是在惊喜感上,所以这就是基于思维导图测试用例设计的一个关键点。

5.4.4　BDD 驱动

一般在谈到自动化测试脚本时会说到行为驱动(Behaviour Driven Development,BDD),但云层不太推荐大家使用 Cucumber 之类的框架去做 BDD。

BDD 的好处是基于某个严格的结构去写,它是自然语言,即具备一定语法规则的语言可以转化成对应的自动化脚本,因为里面有对象、操作内容,直接转化成脚本就是在主页面输入邮箱、密码,单击"登录"或"注册"按钮,进入主页面,这是 BDD 可以做的事情。

但现状是 PO 和 BA 连需求都写不清楚，他怎么知道具体的用户操作顺序及严格遵守 BDD 的语法结构呢？如图 5-9 所示。

```
Feature: US_004 邮箱登录
    为了正常使用需要登录身份的功能
    作为一个已经用邮箱注册过的用户
    我想要用邮箱和密码登录系统

@reset_driver
Scenario: AC_US004_02 登录错误：正确邮箱+错误密码登录
    Given 我已经用邮箱 test_user@mytest.com 与密码 test123 注册过账号
    When 我在 "主页面" 单击 "登录/注册" 进入 "登录页面"
    And 我在 "邮箱或手机" 输入 "test_user@mytest.com"
    And 我在 "密码" 输入 "b123456"
    And 我按下 "登录" 按钮
    Then 我应当看到浮动提示 "用户名和密码不匹配"

Scenario: AC_US004_03 登录错误：没有输入用户名和密码
    Given 我已经用邮箱 test_user@mytest.com 与密码 test123 注册过账号
    And 我在 "邮箱或手机" 输入 ""
    When 我在 "密码" 输入 ""
    And 我按下 "登录" 按钮
    Then 我应当看到浮动提示 "请填写完整"

Scenario: AC_US004_04 登录错误：输入用户名却没有输入密码
    Given 我已经用邮箱 test_user@mytest.com 与密码 test123 注册过账号
    And 我在 "邮箱或手机" 输入 "test_user@mytest.com"
    And 我在 "密码" 输入 ""
    When 我按下 "登录" 按钮
    Then 我应当看到浮动提示 "请填写完整"
```

图 5-9　Cucumber 常见格式

云层不推荐行为驱动，但是大家都在走另一种 BDD 模式（Bug-Driven-Development）。只要系统有 Bug 就消灭，所以开发人员很喜欢不管有没有做完只要没有 Bug 就可以了。和上线前的缺陷分析类似，除了严重不能使用的和一些涉及底层的 Bug 必须修复，其他 Bug 能上线就先上线。即核心业务不能出错，其他非关键性业务出现 Bug 没太大关系，等上线了再慢慢修复且用户也不一定会发现。

软件有 Bug 很正常，不代表所有发现的 Bug 都一定要修复，核心价值不影响才是关键。

前面讲到：第一，用户故事的特殊性，基于用户维度的故事，我们应在不同的角度看待用户的价值；第二，用户故事的格式与要点，接着我们谈一下如何做一个独立思考的测试人员。

5.5　做一个独立思考的测试人员

测试人员具备独立思考的能力很重要,判断一个功能是否满足用户需求,这不仅是技术层面的事情,如何去做价值目标,还要通过验收标准和探索性测试来解决。

5.5.1　验收标准

从验收标准(Acceptance Criteria)上来讲,用户眼中的"可工作软件"和我们认为"可以运行,自动化测试过,没有缺陷"的软件还是有差别的。用户得到软件,要使用,从而获得价值,这常常需要多个功能配合运行,前后数据完整一致才可以做到。

举个例子,之前某个朋友跟云层吐槽说某某和某某有问题,我说,你是看不惯人家如胶似漆,还是说那个女的很糟糕没你混得好,但她的老公很帅,她没什么优点,却有人爱她,甚至爱到死,你很好、很优秀却没有人喜欢,是这样么? 这就是不同用户看到的东西是不一样的,有句话"情人眼里出西施",用户认为好才是真的好,我们作为专业人员说这个软件很好只是它非常专业,但是用户会觉得完全不会用这个功能,这种现象比比皆是,如一个智能手机一般用户能用到 30% 的功能就很厉害了,所以你要想清楚每个用户眼里要的东西是什么。

用户如何判断这个软件是可行的,只要好用、能解决问题就可以了,买个冰箱还需要懂怎么制冷吗? 通过模拟用户如何使用这个软件进行测试,这也是代表用户验收的一种方法,即我先定义一个验收标准列表,告诉团队用户是怎么验收的。

一般在用户故事的卡片背面会编写详细的验收标准。常见的验收标准例如用户输入的电话号码必须为 11 位数字并且符合以 1 开头,注册账号需要以 4 位数字手机校验码匹配才能成功。

5.5.2　验收与用例覆盖

测试能发现软件缺陷,但并不能发现所有的缺陷,另外,用户使用的软件和测试软件是有区别的,验收标准的核心是验收用户会使用到的功能,不是验收系统的全部缺陷,也不是验收测试过程中发现的缺陷。因为你发现 100 个缺陷全部修复了,但也挡不住一个用户正在使用的缺陷,如图 5-10 所示。

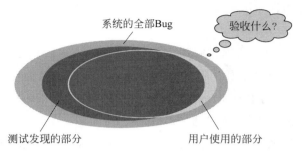

图 5-10　验收与用例覆盖

例如发布生产后，用户在使用过程中发现有 Bug，是不是测试部门出问题了？也许你漏了很多 Bug，但用户未发现，难道就说明你测试好了？任何指标一旦用于管控，就不再可靠（古德哈特定律），所以通过测试覆盖率来判断测试的对错是不可靠的。

敏捷里我们谈得最多的是在有限的时间、成本中做合适、适度的事情，需要考虑投资回报比，不要拼命做大的事情，这是没有意义的。

5.5.3　敏捷测试的目标

一般我们通过测试来证明软件达到一定的质量，敏捷测试的目标更加精确一点，通过测试证明软件能够实现一定的用户价值。

先确保用户使用软件能够实现基本功能价值，再去推动软件具备一定的质量，证明软件达到一定的用户质量是一个小的 MVP，然后推动一个大的点，也就是证明软件具备一定质量，具备一定质量后再扩展，看是否能达到更加专业的标准，这是敏捷测试的目标。

优先证明价值，然后扩展，这个扩展其实还是以用户验收标准为标准的，除了验收标准外，再额外做一点预防的问题。因为用户可能没想到，但我们仍然希望用户去使用的内容，敏捷测试用例的目标也是围绕这个内容展开的。

5.5.4　编写基于用户验收的测试用例

用户买房子或装修房子，希望看见装修的结果与最初的设计及想法一致，如温馨、整洁、安全、可靠等，至于使用的具体涂料、线路布线方式等很多人不想操心也不会操心，所以最基本的验收标准就是平整、不漏水等一些细节。

举个 IT 的例子，办个电信的光纤宽带，从弱电箱接进来，接着怎么走线？客厅需要一个口接 IPTV 和无线路由器、3 个房间各需要一个网口、书房的 IPTV 怎么分离信号，各个房间的布线怎么走，网口放在哪里，弱电箱如何放，选择多大的尺寸能够塞下光猫和无线路由器,房间大,无线路由器无法完全覆盖怎么办,怎么放 AP 面板,这些专业内容普通用户基本不懂。

专业用户装修的时候会明确讲好用户故事,直接提出价值核心,例如我要网路覆盖均匀,验收的时候我会测试,但非专业用户等装修后才会发现这里插座不够,那里 WiFi 信号不强,这是在房屋设计结构上常出现的问题,但在当时的验收用例中是不包含的。专业用户会考虑这是额外的测试用例,不是通用验收用例。

云层现在想在家里做直播,结果发现不适合做,因为我的身后就是沙发,想做个可以下拉的绿幕却没有空间,在光线的设计上也缺乏考虑,没有空间放补光灯,这就是当初房屋设计的问题,但是验收时只围绕当时的用户价值,而不是无限扩展到未来 5 年或 10 年的用户价值,因为你是无法穷尽的,且成本也未必能接受。

围绕用户价值的测试主要有两点,第一点是确定验收标准,即用户当下的故事价值;第二点是做探索性测试。

前面通过验收标准延伸出敏捷测试用例设计,保证了用户的价值,但这不够,还需要在额外的内容上扩展,做一些逆向流程缺陷判断,例如用场景分析法、错误分析法去做设计,也就是去探索一下用户可能会存在的问题,简单点可以想成用户不按模式出牌,我应怎么响应。

5.5.5　探索性测试

探索性测试现今是敏捷测试的一个非常好的实践,我们可以把探索性测试看成猴子测试(Monkey Test),但又不完全是。刚开始做测试的时候对业务不熟悉,随意操作,出现问题记录并提交,可能点着点着就找不到问题了,因为显性的问题基本已经修复,接下来开始基于需求文档业务逻辑进行业务流程逻辑测试,随着业务的熟悉,能够找到的问题越来越多。

探索性测试就有点像一开始不按照业务逻辑,而是将自己作为初次使用系统的用户的角度来展开的。

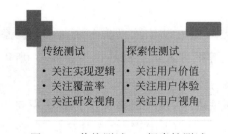

图 5-11　传统测试 vs. 探索性测试

5.5.6　传统测试与探索性测试

如图 5-11 所示,传统测试关注更多的是实现逻辑、覆盖率和研发视角,即在技术层面以代码逻辑做 if…else… 分支来判断,所以设计用例会使用等价类、边界值等方法,而探索性测试不考虑逻辑,只关心用户价值、用户体验和用户视角。

如女孩子打扮是为了漂亮，她的用户价值可能是穿得好看，比较容易吸引异性关注，所以选择衣服时除了好看还需要搭配，但传统上衣服要保暖，要穿脱方便，这就是传统测试和探索性测试之间的区别。

5.5.7　体验探索

当我们第一次到一个陌生的游乐场，例如大阪环球影城，常见的策略有两种。

第一种做攻略，详细规划好路线，怎么走能多玩项目，怎么少走路等；第二种做法是不做攻略，心里已经有明确的价值目标，直接找到最短路径去玩自己最想玩的项目。

整个过程排队要花多少时间，能不能买到快速通道票，哪些不适合我玩，哪些项目是固定时间开放的，或带着小孩能不能一起玩，其实这些就是探索性测试所讲的要考虑实际情况，也可以称为用户体验。往往做攻略的时候考虑得非常详细，但也最容易忽略不同用户的实际情况。

云层上课时也经常面临这个问题，对于有些学员来讲很多内容没太大用处，课程讲一个很大的场景，从大场景中一点点梳理，是一个探索的过程，是在演示如何通过梳理、分析解决这个问题，而学员需要的是一个关键点，能解决问题就行，更想要的是云层直接告诉我怎么去做敏捷测试就好了。

但这时候其实你就在做探索，只是在课堂上因成本关系是不能给你做探索的，只能留着课后单独讲或者留到作业里面做。为什么课堂上无法给个人做探索？做了探索意味着你得到了答案，你的价值实现了，可是其他学员得不到他们的价值，这也就是云层常说小班授课的好处，学员越少效果越好，大家随时可以探索，提出自己当下的疑问。学员越多，则意味着需要先按照课程大纲、目录做完规范的内容，因为它不能被打断，这涉及时间成本。

5.5.8　用户故事地图与探索性测试

想要做好探索性测试需要一个前提，就是用户故事地图，用户故事还是比较小，只反映了一个用户具体某一项内容，可能只是整个故事中的一个局部。例如一个女孩子突然哭了，想知道她为什么哭了，这背后是一个很长的故事，而我们看见的女孩落泪只是其中一个点。

所以我们需要以用户的全局视野来做探索性测试，只有在全局视野下才能实现从用户角度完整地去测试，就像以前的流程分析法一样，优先考虑关键核心主业务流，再考虑分支子业务流，从用户的全局视角到局部视角构建测试用例。

5.6 何时测试完成

既然测试是无法穷尽的,那么什么时候才能认为我们可以完成测试,交付这次迭代的价值了呢?

通常使用完成定义(Definition Of Done,DOD)和就绪定义(Definition Of Ready,DOR)来规范交付的质量标准。

5.6.1 什么时候能结束测试

现在行业内有种上吊绳驱动开发(Deadline Driven Development,DDD)宣言,说的是理想中我们以交付用户价值为目标开发软件,但现状是以交付最后期限(Deadline)为目标,到点交付才是本质,如图 5-12 所示。

Manifesto for Deadline Driven Development
上吊绳驱动开发(DDD)宣言

We are uncovering bitter ways of developing software by doing lots of overtime and helping others do it. Through this work we have come to value:
我们一直在实践中探寻更苦的软件开发方法,持续加班的同时也帮助他人加班。由此我们建立了如下价值观:

Being on budget over optimizing return on investment
坚守预算 高于 优化投资回报
Being on scope over quality of code
拘泥范围 高于 提升代码质量
Being on schedule over delivering the right product
按时完成 高于 交付正确产品
Being busy over investing time for improvements
保持忙碌 高于 投入时间改进

That is, while there is value in the items on the right, we value the items on the left more.
也就是说,尽管右项有其价值,但是我们更重视左项的价值。

图 5-12　上吊绳驱动开发

当然这只是一个调侃，但是反映了当下的现状。例如坚守预售高于优化投资回报，协调用户放弃部分功能来强化有效功能或者改变预算，对用户来讲也许是最好的，但是现实是不要做这些事情。就好像现在你有 5000 元，计划用这些钱买计算机，只要再加 200 元就可以升级成固态硬盘，但是由于预算超标，你不愿增加预算，最终苦的还是自己。

拘泥范围高于提升代码质量、按时完成高于交付正确产品、保持忙碌高于投入时间改进，这都是现在很多公司研发团队的现状。

时间点并不是最重要的事情，我们应该保证在时间点交付的内容是可行的、高质量的，不可用交付和没交付是一样的结果，所以说上吊绳驱动开发是一种不正确的现状，这是团队缺乏管理交付能力的表现，既然控制不准什么时候能够准时交付，那么就用最后期限来倒推吧。

上吊绳驱动开发比喻得到需求之后在开发者脖子上加一根随时间收紧的吊绳。如果在规定时间内没有完成开发任务，开发者会被"吊死"。

5.6.2　完成定义

每个团队对于是否完成无法达成统一，有的人认为编码完成就表示任务完成了；有的人认为还需要简单自测一下，确保功能可以正常使用；还有的人认为需要把自动化用例写完并测试通过才算完成。

为了避免这个问题，在敏捷软件开发中，常用完成定义来表示工作是否已完成，不同的任务有不同的完成定义。

除了完成定义还有就绪定义，一般初期云层不太推荐做就绪定义，定义了入口会出现任务卡片停滞的情况，因为达不到就绪定义的准入标准任务就无法继续。在 Scrum 模式下计划会议（Planning Meeting）本身就是在定义入口准则，只有通过 Scrum Planning Meeting 来决定 Sprint Backlog 迭代待办事项列表，这也是在做一个就绪定义。

5.6.3　常见的完成定义

典型的是迭代完成定义，这也是最初完成定义应用的地方。一般完成定义会被定义成以下几种。

（1）所有代码通过静态检测，严重问题都已修改，静态分析的规则参见……。

（2）所有新增代码得到人工评审。

（3）所有完成的用户故事都有对应的测试用例。

（4）测试用例都已执行。

（5）完成所有的用户故事。

对于发布,一般有更加严格的要求,发布完成定义的典型条款有以下 3 个。

(1) 完成发布规划所要求的重点需求。

(2) 至少通过一次全量回归测试。

(3) 修复所有等级为 1 和 2 的缺陷,3 和 4 级缺陷不超过 20 个。

在用户故事卡片上一般会同时存在验收标准和完成定义。

5.6.4　完成验收

做一个项目最终的目标是什么,其实就是把钱收回来,先做用户验收标准,让用户可以收到交付物,再做完成定义,以此确保完成了应该的手续步骤。

5.6.5　验收标准与完成定义

验收标准是针对每个需求定义的,而完成定义是针对所有内容来做的,如图 5-13 所示。

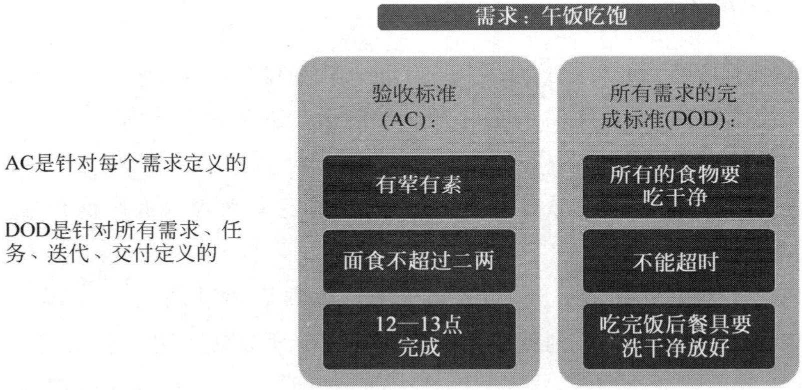

图 5-13　验收标准与完成定义

验收标准指一个需求后面必须有验收标准,并以此标准证明此需求达标了,但完成定义要求所有需求一起完成了。

举个例子,有个需求是自助餐吃饱和吃好,验收标准是吃饱和吃好。那么可能需要荤素搭配且在一个时间点吃完,这是验收标准。完成定义是所有食物要吃干净且不能超时,因为吃的是自助餐,超时需要另付费;再次要做好垃圾分类,吃完后餐具需要洗干净并放好。

从用户角度来讲验收标准是我觉得到位就行,而从企业角度则是完成定义,还包含其他内容,如数据的回收,这就是验收标准和完成定义的主要区别。

5.7　敏捷测试工程师

当我们知道了用户故事的价值目标后，应该想如何做好一名敏捷测试工程师，帮助客户实现价值。敏捷下测试做的是用户故事的验收，用户故事验收又对应着用户验收标准，以及配套的敏捷用例，甚至进一步的自动化测试。

在以上种种需求下如何让自己出类拔萃，首先就是转变测试目标，从发现 Bug 或者证明软件具备一定的质量转变成挽救价值，例如在看板上从左往右跟踪质量转变为从右往左跟踪价值。

5.7.1　不局限自己

测试工程师不要把自己定位在简单的验证上，一切能够挽救价值的都是我们可以涉足的，如图 5-14 所示。

图 5-14　不局限自己

刚入行时做测试，基本上是以自己的理解方式去看用户操作，模仿用户的操作，这属于业务型测试或 UAT 测试。等经验较丰富了开始做专业用户价值的证明，如接口、性能、安全、应用、兼容性等，再发展做团队价值，基于当前敏捷或非敏捷环境下，如何帮助团队高效、高速、高质量地实现价值交付，最后帮助企业实现价值。

5.7.2　测试的对象

以前一个好软件是通过软件测试来证明的，现在是通过软件测试的流程管理来证明我们能做好软件，这是公司研发能力上升的表现，所谓的数字化转型，其实也有部分在谈公司自己的管理能力是否具备数字化了。这个阶段强调的不是测试团队有多强，而是整个研发的流程从需求实现到发布上线都很规范并有机结合，从而将一个好的软件交付给用户。

研发能力上升了,不论什么软件都能做好,即已经具备了做好软件的能力,接着做用户交付想要的好软件,这里测试对象已经发生了变化。例如围绕技术维度做自动化提升,使用的自动化技术应该跟公司的技术相匹配,因不匹配导致的额外问题需要自己解决。公司层面你一个人再厉害也没用,一个团队需要的是每个人都很厉害,取长补短才行,这是公司的能力目标,也是测试对象的转变,从证明软件好到证明交付能力强。

5.8　小结

本章的核心还是在讲什么是用户故事,这里推荐大家看《用户故事与敏捷方法》这本书,可以更加深入地了解用户故事体系及后面要讲到的 Scrum 体系。

虽然有些时候我会说,对于大家来讲会面临一个问题,用户故事可能是一个产品经理要做的事情,但是你应该先了解,在第 6 章讲解整个用户故事地图的时候,你需要构建一个对于你们公司业务的完整理解,作为测试来讲一定要有全局视角去想我们到底向用户提供了哪些功能,哪些功能是重复的,哪些功能是类似的,哪些功能是独特的,它们之间的关系是什么样子的,它们的优先级是什么样的。这些都是很关键的事情,因为只有这样你才知道你们公司的软件为什么赚钱,怎么才能够让它更赚钱。

5.9　本章问题

(1) 如何让团队从重视功能质量到重视业务质量。

(2) 如何尽早完成匹配验收标准的测试用例设计。

(3) 公司在当前情况下如何开展探索性测试。

第 6 章

从用户故事到用户故事地图

10min

第 5 章讲到了什么是用户故事，以及为什么要通过用户故事来描述需求。围绕目标价值一直在强调，测试的价值是什么，从个人到团队再到公司，从证明软件能够正常使用到证明公司能够做一个好软件，如果公司都没有问题了要你干什么呢？

我看到有个群里有人在讨论一个问题，作为一个测试人员感觉自己在公司完全没有被重视，自己想做点事情都没同事配合，各种加班、各种 Bug，上线出了问题都怪他。从我的角度来谈，在这么乱的情况下你作为测试人员都不能找到自己的价值，人家配合你什么？产品经理帮你测了，开发都把单测做好，上线没问题还需要你干吗？那个时候你可能说："我们公司好正规，不需要测试。"

从全局角度来看首先应该做好自己该做的事情，然后才能在自己无法解决的层面上去额外解决问题，在大多数情况下沟通是依赖于技术对等的。如果你能先帮别人做点事情，那么别人也会配合你做事情，这就是全局互赢。

6.1　构建全局视角

在谈用户故事地图之前，先来讲一下全局视角的问题，本章的关键也在这里，避免局部看待问题的习惯，构建全局用户价值视角并且进一步构建 MVP 迭代交付。

第 5 章讲了用户故事基于 3C 原则。

卡片（Card）：用户故事一般在小卡片上写故事的简短描述、规则和完成标准。

交谈（Conversation）：用户故事背后的细节来源于和客户或者产品负责人的交流沟通；确保各方对故事的正确理解。

确认（Confirmation）：通过验收测试确认用户故事被正确完成。

用户故事通过一张卡片使团队中的每个成员都参与讨论，并且得到的是已经确认过的内容。用户故事是某个角色在一个具体需求的描述，却不能代表整个需求及所有角色需要解决的痛点。我们在看待问题时往往仅针对这个个体问题来讲,如果跳出这个视角,从局部视角上升为全局视角来看待问题,你就会发现问题其实很简单,只是我们一直把自己陷在问题中,没有跳出来。就像俗语说的,"当局者迷,旁观者清。"

不知道大家看过《三体》没有,程心这个角色在面对选择的时候,使用了母性做了大家都喜欢的选择而提前毁灭了世界,而基于理性保卫人类的维德却被消灭,引用《三体》的一句话"无知不是生存的障碍,傲慢才是。"当我们作为读者站在更高维度来看的时候,才能深刻理解什么叫作"大爱无仁"。

大多数人不在用户价值的高阶区域看待问题,导致了大家总会抱怨自己的团队不重视测试。其实在高层来看重视测试也没有用,还不如不重视它。其实问题是,如果客户不重视质量,则研发团队自然也不需要重视质量。这就是为什么开发被重视,因为开发直接创造价值,所以很多技术是围绕开发去做的,降低开发的难度,现在的 Spring 框架解决了绝大多数的软件开发问题,普通的 CRUD 稍微学一会儿就能做到了,而要做到开发架构师所需要会的东西就复杂得多了。

所以我们需要构建一个以全局看待问题的视角来决定什么东西是可以牺牲的,为什么要去讨论什么东西是可以牺牲的。在资源有限的情况下要做减法,就是说你想做的事有很多,也许每件事情都是有价值的,但是你要构建一个全局的看法,决定你在什么阶段做什么事情,这才是最重要的,而不是说我现在全部事情都要做,最后结果是没有一件事情做得好。

大家有兴趣可以看一下电车难题(Trolley Problem),这样可以更好地感受做减法的难度。

现在这个时代,要根据时代变化去决定你要做什么事情? 10 年前你可能要选择做 A,例如读一个好的高中,考一所好大学,10 年后你要考虑干什么,不要做技术,要面向管理,甚至考虑为自己留后路,所以如果你三十几岁还在考虑用 3 年时间去掌握一个技术细节,一方面可能这个技术到时已被淘汰了;另一方面你跟不上别人的进度,最后反而越跑越慢。这时候你仍然在做一个普通的单一职业技能规划,而不是全局的个人职业规划,并且没有构建目标明确的以 MVP 为基础的迭代计划。

你在公司里面跟你的领导不在一个思考层面上,就会导致一个问题,你所看到的价值是我应该怎么去做技术细节,而你的领导想听的是你怎么规划团队。在同样年薪的条件下,我找个年轻人来做技术,他学得快,做事情有冲劲。同等条件下我为什么要选择一个中年人来做技术? 所以要构建自己的整个价值,跳出自己现在手头上的事情去看整个团队。

6.1.1 局部视角带来的问题

讲到全局用户价值,给大家举一个例子。犯罪专家做了个很深的调查,得到个结果,在85%以上由于斗殴造成命案的案件中,先动手的往往是最后那个被打死的。听起来很有道理,因为往往是谁越弱谁先动手,生怕自己吃亏,没想到后动手的把先动手的给打死了。

但是这个结论就是对的么?仔细思考一下就发觉数据来源有问题,所有的斗殴案件最后要录口供,口供的来源是活着的那个人。作为唯一活着的人来讲我肯定说对自己有利的事情,结果一定是对方先动的手。所以有时候你所看到的只是单方面的一个所谓的结论,并没有看到全方位的结论,你认为这件事情好像有问题其实未必,如图 6-1 所示。

图 6-1 你看到的与真实情况未必一致

在我们去梳理客户需求的时候,从不同角度观察问题会得到不同的结果。BA 是和客户沟通的主要角色,需要构建全局视角,给出完整、全面的用户目标,避免研发团队在错误的认知下越走越远,而研发团队也要能够具备和 BA 同步认知的能力,避免 BA 给了价值而自身不能接受。例如曾经热门的手机壳变色需求,BA 跟研发说:"我需要做一个手机壳,这个手机壳能跟着手机主题一起变色。"现在来看这个需求,你会觉得这个需求过分吗?这还真是个好需求,只是可能没有很好的技术实现而已。

6.1.2 为什么要读书

相信有些人和我一样,小时候不太喜欢读书,而且也经常觉得我们所学的内容和生活距离很远。在你的生活中,你会用到三角函数吗?会让你写一下小苏打的化学方程式吗?

需要你计算家里计算机的电压和电流吗？这些几乎不需要。那么我们学那么多东西干什么呢？可以说大学学的大多数知识在工作中几乎用不到，既然用不到，我们为什么还要学习呢？为什么还要上好的大学，进一步考研、读博呢？

不知道大家有没有这种感觉，越到后面你就会发觉能够把书读好，考上好大学的人是很厉害的。因为读书这么辛苦的事情，别人能做到，这就是一个学习和自控的能力，而在工作中解决具体问题有强驱动力，能学会是理所当然的事情，而相关的基础呢？这时候那些以前读书好的人就体现出来了，他们能学得又快又好。

如果现在给你们一次机会，会不会好好读高中、好好读大学？我想大家的答案都是肯定的，其实你会发觉高中和大学所学的知识并没有想得那么难。以前我觉得学习很难，现在却觉得好简单，现在的计算机的一些内容比高中和大学的东西难多了。我现在发觉学英语其实是件挺简单的事情，但是当年我学得死去活来还学不明白，现在看英文电影或者看英文版的书籍，发觉其实英语不过就是一些词汇时态。回过头找到了正确的学习方法会发现这有什么难的呢？

读书的价值是我们在初期简单看待这件事情时只看重了一点点，就是我们所学的东西是什么，但是忽略了另外几个问题。刚开始读书的时候，可能会基于自己的兴趣去读感兴趣的东西。随着读的书越来越多你会发觉学习是件很困难的事情，其实读书和学习是一样的，都会有个过程。任何事情都是从一个所谓的兴趣或者成就感到重复熟悉的过程。一万小时定律，反复地去做同一件事情，在这个重复、困难、枯燥的过程中不断寻找其中的价值，有了收获之后你进步了，回过头来看这个过程，也是一种很奇妙的感觉。

读书读得越多眼界越宽，就像电影中演的一样，当一个机器人刚进入人类社会去学人类的历史时觉得很有趣，后面看到残暴的事情，再往后才会看到更好的东西。看到人性之恶才能看到人性之善，所以书读得越多，看待问题的角度与眼界就会越来越不一样了，因为我们站在了一个更高的位置来看待事情，也就是所谓的高维进行降维打击。

6.1.3 幸存者偏差

很多认知都来自于幸存者偏差，根据 2020 年相关部门的数据统计，能够读大学的人口比例为 10%，就是当年的新生儿到了 18 岁时能考上大学本科的只有 4%。只要你月薪过万了，可能已经超过全国 90% 以上人口的收入了，对你来讲会觉得买杯咖啡或者中午吃个西餐并不算什么，但是对于很多人来讲，吃饱饭已经很奢侈了。

大家现在生活的焦虑往往来自于自己的圈子，云层一看朋友圈都是年薪百万的各种高端话题，自然也会觉得大家都是这样，而实际情况并不是这样。

1941 年，第二次世界大战中，美国哥伦比亚大学统计学教授沃德（Abraham Wald）应军方要求,利用其在统计方面的专业知识来提供关于《飞机应该如何加强防护,才能降低被炮火击落的概率》的相关建议。沃德教授针对联军的轰炸机遭受攻击后返回营地的数据进行研究后发现:机翼是最容易被击中的位置,机尾则是最少被击中的位置,如图 6-2 所示。

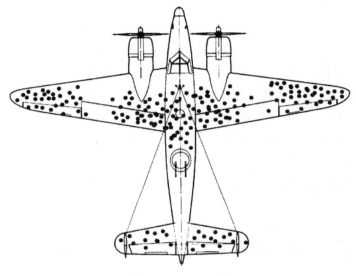

图 6-2　幸存者偏差

沃德教授的结论是"我们应该强化机尾的防护",而军方指挥官认为"应该加强机翼的防护,因为这是最容易被击中的位置"。

沃德教授坚持认为,第一,统计的样本,只涵盖平安返回的轰炸机;第二,被多次击中机翼的轰炸机,似乎能够安全返航;第三,并非机尾不易被击中,而是因为被击中机尾的飞机早已无法返航,寥寥几架返航的飞机都依赖相同的救命稻草——引擎尚好。

军方采用了沃德教授的建议,并且后来证实该决策是正确的,看不见的弹痕却最致命。这个故事被后人用一个词语来概括——幸存者偏差。为了避免因为幸存者偏差导致的局部视角,我们需要采用用户故事地图的方法来构建全局视角。

6.2　构建用户故事地图

我们需要全局观察用户价值并且让整个团队都能看到,因为在实现的时候和在设计的时候是两个层面的事情,所以必须做到实现层面和设计层面都以用户整体价值为考虑对象去做,这才是我们要做的事情。所以团队需要构建用户故事地图,类似于游乐场的游览地图和手绘的地图,告诉你这个游乐场大概有哪些娱乐设施和公共服务场所,分布在哪些位置,并推荐一个游玩的最佳路线,这其实就是用户故事地图的一种。

大众点评的必吃餐厅这个功能是全局用户价值吗?打开大众点评,看一下这座城市的必吃餐厅,展示的是一个列表,列表顶多是一个排过队的产品代办列表项(Product Backlog Item,PBI)。这个内容不是一个全局的用户视角,客户想要的是一个整体的规划。先去哪里喝什么东西,然后排队吃饭,吃完饭之后再去哪里洗脚,最后睡在哪里,它应该给我一个整体的规划,并且能告诉我这家店附近哪几个店是跟它组合在一起的。

对比一下携程之类的软件所做的旅游攻略,就是一个用户故事地图,例如我去北京旅游,旅游攻略会告诉我这三天去哪里玩,三天的整体规划是什么样的,做什么、吃什么、住哪里都规划好了,旅游攻略就是一个用户故事地图。

用户故事地图可以解决以下问题。

(1)让你更容易看清 Backlog 的全貌。

(2)为新功能筛选(Grooming)和划定优先级提供了更好的工具,帮助你做出决策。

(3)便于使用静默头脑风暴模式和其他协作方式来生成用户故事。

(4)帮助你更好地进行迭代增量式开发,同时确保早期的发布可以验证整体架构和解决方案。

(5)为传统的项目计划提供了一个更好的替代工具。

(6)有助于激发讨论和管理项目范围。

(7)允许你从多个维度进行项目规划,并确保不同的想法都可以得到采纳。

6.2.1　用户价值的前、后、左、右

用户故事地图其实是基于用户故事的一个大的可视化模式,但它不是看板,看板的核心目标是可视化,通过可视化过程找到瓶颈,然后去优化瓶颈。如何优化瓶颈?第一步,限制流动速度,减少并行任务,控制制品数量;第二步,加快流动速度,然后利用快速泳道去平衡速度和资源;第三步,采用拉动模式,去决定要做的事情的优先级。

一般会用看板的形式来做用户故事地图。

6.2.2　如何构建用户故事地图

构建用户故事地图一般基于两个要素,用户的行动路线和优先级,如图 6-3 所示。通常说用户故事地图的关键是首先构建核心路径(Backbone),就像人的骨骼,在这个骨骼上按照行走的规则添加对应的细节,核心路径在 ACP 中是一个常考的知识点。

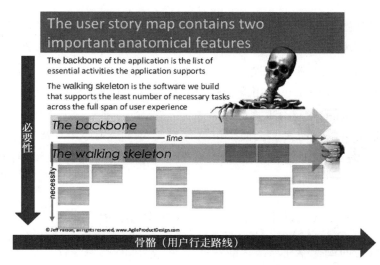

图 6-3 基于骨骼的用户故事地图

用户需要的价值可以整理为一个从左往右独立的流程,围绕这个流程中的每个步骤会出现不同的选择。选择项需要配对的必要性,把必要性从上往下排一遍,这样我们就会知道用户在从左往右做这件事情时,在每个阶段应该做什么比较重要,哪些是次要的,以此提供依次逐步完成的规划。

6.2.3 构建用户故事地图

这是一个比较标准的用户故事地图,如图 6-4 所示。

用户故事地图
USER STORY MAP

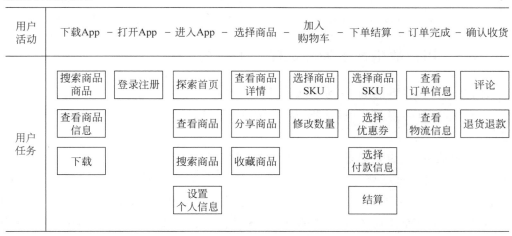

图 6-4 用户故事地图

首先我们看到图 6-4 所示的用户活动,即用户如何去使用软件的过程,下载 App→打开 App→进入 App→选择商品→加入购物车→下单结算→订单完成→确认收货。这就是用户在 App 上做的一个完整的业务流程。

在这个用户故事地图里包括用户在每个阶段涉及的任务,这些任务从上往下排,越在上面越关键,往下的优先级没有上面的那么高。

用户故事地图可以帮助我们全面了解软件要交付的全貌。用户故事地图把客户价值整体地罗列之后,该如何构建 MVP 迭代交付呢? 如何对用户故事地图中的任务项排序? 接着来介绍一下常见的排序方法。

6.2.4 MoSCoW 法则:排列用户故事优先级

优先级可以帮助构建基于 MVP 的迭代交付,常用的优先级评估方法是莫斯科法则(MoSCoW 法则),如图 6-5 所示。

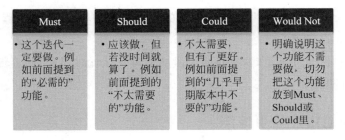

图 6-5　MoSCoW 法则

MoSCoW 法则是 Must、Should、Could、Would Not 英文缩写的组合,通过优先级分类的方式来完成排序。团队讨论之后对用户故事地图上的任务按照优先级排列,这也和 Scrum 中的 Product Backlog 排序思路一致,在后面讲解 Scrum 体系的时候会详细介绍。

6.2.5 用户故事地图为测试提供了什么

我们有了用户故事地图,得到了以下四点。

第一,价值导向,通过 Must 实现,Must 是价值导向一定要完成的功能,这些功能是最关键的。

第二,价值分布,也是通过优先级来看的,我们就会知道哪些优先级比较高,哪些优先级比较低,哪些需要重点测试,哪些不需要重点测试,它的分布比例是什么样的。

第三,验证路径,用户故事地图有一个骨干,它是一个操作过程,操作过程用来做什么呢? UI 自动化测试应该覆盖这些过程,你的 ET 探索性测试也应该覆盖,因为这些是最关键的价值,你应该通过 UI 自动化测试和 ET 探索性测试去模拟用户并确保这些过程实现得非常可靠。

第四,价值大小,即哪些东西有价值,哪些东西没有价值。这是用户故事地图给大家提供的、一个很好的一个功能。如果没有用户故事地图就会面临一个问题,反正功能都要测,我也分不出优先级,就把它都测了。测了之后就会发现一件事情,资源是不够的,不可能做到 100% 的回归覆盖。

6.3　构建迭代交付范围

如何选择每次都能交付的价值,其实在很多公司里这件事情做得很糟糕。关键问题在于,第一,估算能力不够;第二,不注重沟通。

相信大家应该很容易评估出来自己要做的事情能否完成。例如现在要去做一个分层自动化框架或者做一个分层自动化的例子,然后来评估一下 1 天能不能完成? 肯定有人能完成,有人不能完成。为什么有些人能完成呢?

因为他的估算能力比较准,他能算出来自己花多少时间去做这件事情,但为什么其他人不能完成呢? 这是因为对自己的交付能力没有概念。要做的事情到底有多复杂,有没有做过类似的工作,做这件事情有什么困难,在没有进行有效评估的情况下,先干了再说,最终拼了态度却输了结果。

如果是多人协作工作,则可能更涉及大家都不说"人话"的情况,在缺乏沟通协调同步的情况下,乐观地评估自己的工作和职责范围,最后通过甩锅的方式来解决责任问题。

评估一个团队交付能力的很重要的一点是每次都能按时交付。也就是我们讲的 JIT (Just In Time),按时高质量交付是一个研发团队非常重要的能力。估算能力第一次不准没关系,第二次不准没关系,但不能一直不准。所以说做敏捷不是让你提升工作能力,而是提升管理能力,管理那些不切实际的想法。瀑布中就会出现,做到现在完不成就说我尽力了,我天天加班还是完不成。这是一个很好的借口,做一件事最后没有做成功,但我尽力了,尽力了也没做好,这不能怪我,但是结果就是没完成,跟你尽不尽力没有关系,虽然从态度的角度是有用的,可以安慰你自己,但实际上没有用,因为结果还是差的。为了解决这个问题,我们需要构建 MVP 小块迭代,每次准时交付。

6.3.1　用户故事卡片规模

如何构建 MVP 呢? 先要对用户故事做大小的规划,因为大小决定了所做的工作量的估计,所以常见的用户故事有以下几种。

Epics：史诗故事，大多是一个概念或者一个方向。

Feature：特性，绝大多数公司是基于特性来做的。

User Story：用户故事，具体到用户角色来拆分。

做一个新的功能特性，这个功能特性下包含多个用户故事，Feature 可以是一个开发分支，在 Feature 分支下一般包含多个 User Story。一个功能可能包括下面多个子功能，例如要做个积分系统，积分系统涉及什么？积分新增、积分删除和积分兑换。扣除和兑换类似，所以需要去形成史诗故事、特性和用户故事这样的分类。

6.3.2　计划扑克牌估算

怎么去评判一个用户故事的大小呢？绝大多数情况下是通过计划扑克牌来估算的，一副标准的计划扑克牌，如图 6-6 所示。

所有参与的人都用带编号的扑克牌来估算用户故事，估算时匿名投票，如果出现较大分歧，则展开讨论，然后再次投票，直到整个团队就估计的准确性达到共识。计划扑克牌的使用有局限性，适合小团队（5~8人）和少量用户故事（最多不超过10个）的估算。

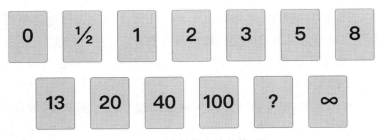

图 6-6　计划扑克牌估算

这副扑克牌中有一系列的斐波拉契数和咖啡的牌、问号的牌或者是无穷大的牌等。每位参与者都会得到一副，在讨论故事大小的时候用来投票。也就是当大家并不知道一个东西到底要做多长时间的时候，每人拿出自己觉得合适的大小。如果误差很大就协调讨论，否则就接受大家的近似评估。计划扑克牌适合于少量的并且争论较大的需求，而批量需求推荐用 T 恤估算法。

什么叫 T 恤估算法呢？T 恤有 XXS、XS、M、L、XL、XXL、XXXL 这样的尺码。买 T 恤不需要那么准确的尺码，只要选择一个合适的类型就行了，这是通过相对参考的范围方式来初步评估需求的大小。

相对大小出来之后只需对其中某一两个东西做一个正确的估算。那么后续相关的估算就会比较准，而不是对每个东西都去做估算。所以首先要让大家形成准确的共识，觉得这个大小分类是合适的。

计划扑克牌估算本质上讲就是所有人投票,投完票了之后进行评估,在相差比较大和相差比较小之间进行讨论,到最后所有人对这个估算达成共识。但是计划扑克牌的速度很慢,所以只适合用于某些分歧比较大的和少量的用户故事。如果做不到这点怎么办,就要用 T 恤方法来做了,T 恤方法怎么做呢?放个大类和小类,大家自己去进行评估。

6.3.3　正确的用户故事迭代

规划整个用户故事大小之后,围绕它去做迭代 MVP,构建 MVP 的核心就是每次都要给用户带来价值,如图 6-7 所示。

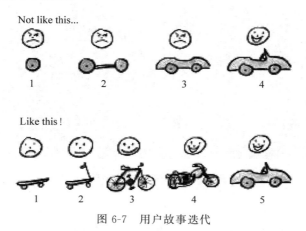

图 6-7　用户故事迭代

什么价值呢?用户需要辆汽车,我们不能说先造一个轮子,再造两个轮子,然后慢慢做一个车架子,组装之后他才能用车,在这个漫长的等待过程中当下最需要解决的问题可能已经过时了,而我们要做什么事情呢?每次都帮他解决一点点问题。如果用户说想买一辆车来代步,但是现在没有成品,你不能让他等到几个月后有成品的时候一次交付,而是先做一个小的滑板车,先代步,再逐步升级代步工具。

MVP 的渐进形式主要是在研发未知的非成熟产品时不断地积累经验,前面的都不能准时高质量交付,怎么有信心一次性把汽车做对呢?所以迭代规划时要考虑它的最终目标和价值是什么,现在要做的最终目标和价值是什么。当你在做滑板车的时候,其实应该在考虑什么时候能做成汽车。

6.3.4　MVP 的构建策略

如何成功地构建整个 MVP 呢?产品经理(Product Owner)所需要做的事情是确定需要交付的骨架的关键内容是什么。例如现在需要招一个年薪 30 万的岗位,要求懂 A、懂 B、懂 C、懂 D,这是招聘方给出的需求。现在有个问题,你希望应聘这个职位,你现在具备对应的条件吗？如果给你一个月的时间准备，能达到要求吗？如果你没有评估自己在 JIT 中是否具备完成的能力，那么大概率是失败的，但是有人就能做到，可以短期准确地估算自己交付的能力。

MVP 的构建不是简单地觉得这些重要，或者客户说这些功能是我第 1 个版本一定要的，我们就来做这些，而是跟你的团队能力有关系的，如图 6-8 所示。

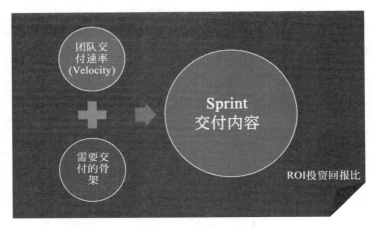

图 6-8　MVP 构建策略

研发团队的交付速率（Velocity）越快就意味着在同一个固定时间内，例如两周的时间内，所能交付的价值越多，交付能力越强就意味着你能做的骨架越大。

举个例子，大家出去旅游时选择自由行，是不是就意味着你能玩的东西会多很多，但如果你是跟团去玩可能就相对少了，旅游景点和时间都是固定的。原因是旅游团里总有年纪大的或者需要去等待别人的过程。例如说好四点集合，有些人就是四点十几分才到，有些人三点半就提前到了。这就涉及三点半到的人浪费了四十多分钟等待发车，路上如果遇到堵车，三点半到的人就会想如果早点走不就没这个问题了。

整个 Sprint 最后交付的内容其实由两部分组成，第一是 OKR 考核指标，作为产品来讲需要有效地构建一个最小的 MVP，帮助用户去实现价值，但是资源永远是不足的；第二是整个团队的 KPI，如何提高团队的交付速率，尽可能在有限的资源里给一个准确的估算。

这样产品经理才能根据团队的速率去决定要交付的内容、周期及取舍，最后才能保证以最好的投资回报比实现交付的内容。

MVP 的构建由两部分组成，那么测试做什么事情呢？你需要帮助团队估算测试所需的时间开销和交付的速度，为什么现在交付得慢，因为测试是整个持续交付的瓶颈。因为测试的能力不够，无法与开发在技术和产品业务上形成补充，导致互联网公司对于测试的理解是不用了吧。

我们需要在每次迭代中找到在本次的最小可行产品把对应的交付物规划出来。

6.3.5　基于 MVP 的迭代交付

正确的 MVP 是如何做的？根据交付能力和时间限制找到能交付的 MVP,把对应内容划出来,然后每次迭代时额外选中一圈,慢慢多做一点事情,这样就形成了整个 MVP 的迭代交付。

每个任务的工作量评估是很重要的,一次迭代后来评估这个团队是不是能在时效内完成所有的任务。如果可以,则证明估算比较准确,继续保持并在后续迭代中进行优化;如果时间不够,则需要整个团队总结、回顾哪里的评估出现了问题,在后续的迭代中进行优化,保证这样的错误不会再出现,避免需求延迟交付。

MVP1、MVP2、MVP3 实现迭代交付是产品经理在做的事情,大家可以不用知道需求规划的实现过程,但必须知道有这个过程,避免工作中总是提问为什么这里没这个功能,如图 6-9 所示。

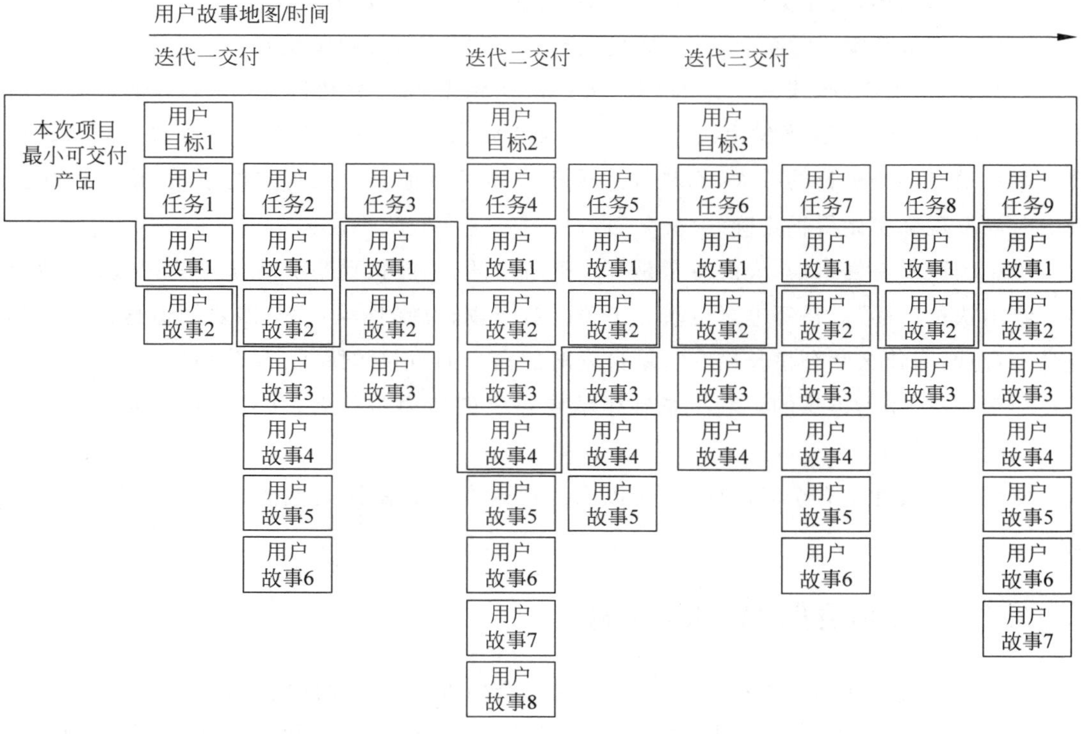

图 6-9　基于 MVP 的迭代交付

6.4 探索性测试 Plus

在上面的事情都完成了之后,就可以开始全局探索性测试了。在没有用户故事地图之前,可以说所做的是局部探索性测试,甚至不能算真的探索。因为做的只是一个点的探索,它的广度是有局限性的,一旦广度被局限,非常容易得到结论,而如何意识到当用户在使用这个软件时,他的全局意识是怎么认知的?

什么是全局意识?例如我们看完一部电影之后,就会想整部电影讲了什么故事,我觉得哪里好,哪里不好,这样才会有整体的思想。如果单独抓住某个细节来思考就会失去整体的故事情节。例如我们回想一下,大家应该都看过《中国机长》,还有部电影叫作《萨利机长》,对比两部电影,我会觉得《萨利机长》拍得比《中国机长》好很多。

为什么好很多呢?并不是说《中国机长》拍得不好,而是《中国机长》没有突出最关键的故事情节,剧情很零碎,没有一个整体的关键故事情节,而《萨利机长》讲了一个核心的内容,就是作为一个机长,当做出决策后,整个航空局怎么去科学、严谨地看待这个问题。整部电影并没有强调机长的伟大,而是描述了机长做了件他自己觉得对的事情,重新回顾去看的时候发现确实做得很正确。

电影中谈了一件事情,人的思考是有决策时间的,不能按照事先知道的意外情况,然后马上给出抉择。而且,整部电影也表达了美国航空调查局的核心就是需要知道这件事情到底合不合理,为什么萨利机长没有听塔台返航的命令而直接迫降了。《萨利机长》整个故事讲述得很完整,作为英雄的萨利机长在生活中自己的压力是什么,其实影片是通过一件大事情反映小人物的。

所谓的探索性是有全局概念的,所以当我们现在开始做探索性测试时在回避 Monkey Test。

6.4.1 如何避免 Monkey Test

一直以来我们在回避 Monkey Test,因为完全随机的测试性价比太低,出了问题也难以归纳、重现。第 5 章讲过基于用户故事,可以开始做探索性测试,做乐观路径测试(Happy Test)或者非乐观路径测试(Unhappy Test)。拥有用户故事地图之后,我们可以对于单点用户故事进行额外的探索性测试。

额外的探索性测试基于用户故事地图的内容,发现故事与故事之间的联系,就像等价类边界值可以对一个逻辑做全面覆盖,但是对于多个逻辑交叉的情况只有通过判定表的方式才能有效验证。

做功能测试的时候往往会面临一个问题,可能把探索性测试做成随机测试,或者在一开始做整个探索性测试时往往会做成随机测试,原因是不知道整个系统如何使用。想想看,大家刚开始做测试时得到系统后不会用怎么办,随便点点,到一定程度后终于知道这个软件是做什么的,到这个时候我才开始真正带着用户视角,带着用户价值思考在这个阶段我需要做什么,预期结果是怎么样的,然后从 Monkey Test 变成真正的探索性测试。

探索性测试和迭代规划的 MVP 相关,确保当前迭代的价值被全局化实现,当下 MVP 的实现或不会对之前已经实现的价值产生影响,所以需要在中间找回归点,保证这次做的时候对以前哪些业务有影响,并确认探索的范围,也就是回归的范围。

要把探索性测试做好其实是很难的,原因是依赖于全局认知,所以在传统公司业务里会有几个人做业务做得很强,其实就是在做探索性测试,因为他们对业务的所有点都很了解,得到新版本很容易就能找到问题。他们知道哪些内容是有边界的,整个系统之间的影响及关联是什么样的,改动一个功能点会影响到哪些相关的模块。

6.4.2　探索什么

如何让探索性测试做得更好呢？很多公司探索性测试做得不好的原因在什么地方？其实换个角度说就是每次都不在探索,而是在做完整回归。完整回归就是把整个系统的所有功能都回归一遍,而你需要保证每次都探索有意义的东西。例如你去过一次迪士尼,坐过一次过山车,下次再去的时候还会排几小时的队去坐过山车吗？没有什么太大的意义,所以我们一定要知道探索不是做完整回归,不是做重复,而是做针对化的测试,如图 6-10 所示。

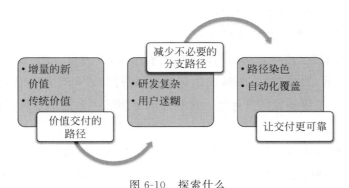

图 6-10　探索什么

因此,需要知道价值的区别是什么。

第一就是新增的价值是什么。每次新版本发布一定是一个 Feature,是一个特性,这个特性里面一定包含一些新的价值。这是在一开始决定要做 MVP 的时候就决定了的,所以在回归、探索的时候一定要首先探索这次 Feature 的实现功能。例如这次增加了手机的适配,那么就一定要去重点关注并测试这些内容。

第二要保证传统的价值,即整个系统最重要的交付价值是什么,避免这些价值不会因为新的 Feature 上线之后导致不能使用或者有些价值被替换。新老功能如何切换也需要保证,这是价值交付的路径。

第三要消灭不必要的分支,因为如果做所有分支就是完整回归。做完整回归就面临两个问题:首先,研发的复杂度在里面会有影响;其次,用户不能很好地描述整个所需要做的内容。导致用户用着麻烦,研发也麻烦。原因是上面的分支实在太多了,并不好用。其实开发时面临的问题是给用户太多的选择权是不好的。一开始做 MVP 没有想好我给用户一个 80% 概率最常用的小功能,而做了很多功能后大家就开始迷糊了,为什么提交个表单要选 A、B、C、D、E、F、G 那么多项呢,为何不能简单一些呢?

举个例子,公司要做个产品最简单的方法是下单,选择支付宝/微信付款,然后在支付宝或者微信上就可以查看发票记录了。例如开发票,直接在微信上扫一扫选开发票就行了,这个功能非常简单好用,但是换成以前,则需要选择开票类型是个人发票还是专票,个人发票写什么名称,专票写什么内容。你会觉得很麻烦,开个发票得填那么多东西,而且这个发票还得打印出来,为什么不能走电子发票直接给公司报销,所以需要减少不必要的分支路径,去做核心的用户价值。

我们要如何做来减少不必要的分支路径呢? 要做两件事情,第一,路径染色;第二,自动化覆盖。

路径染色指当在界面上单击一个按钮时要能知道在代码上的覆盖率是多少。这并不难,但是做了这项工作的公司不多,大多数公司实现自动化无非就是去运行个 UI 自动化或者接口测试,运行完之后告诉你有没有 Bug,但是覆盖了多少代码就说不清楚了。

绝大多数 UI 自动化、接口自动化测试其实没有意义,因为很多用例在代码上是一样的效果,所以我们需要通过代码覆盖率形成测试基准,通过比较每个版本代码变化的基准及覆盖率的基准变化来了解测试的有效性。这些应该是测试中台做的事情,将测试数据量化而不是仅执行化。

一方面将测试的范围 MVP 化,组件模块化,从而判断代码变化的影响,评估测试的效果;另一方面通过复制线上数据或者 AI 这样的人工智能学习来模拟人的测试思路,进一步配合覆盖率,实现自动化测试用例的生成。

探索性测试也许是一种思路或者方法,但目标还是要跳出纯粹技术导向,回到用户视角。

6.5　小结

用户故事地图是一种非常好的构建全局认知的手段,也是当下主流的手段,在团队中构建用户故事地图,让迭代规划有效是解决交付质量的关键。

6.6　本章问题

结合当前公司针对用户故事地图要解决的 3 个问题:

(1)如何在团队中推动用户故事地图的构建?

(2)当前团队的 MVP 交付能力是多少故事点?

(3)如何让团队更好地支持探索性测试,意识到价值测试技术是辅助的?

第7章

看板帮助可视化

5min

最近聊得比较多的话题是马斯克的 SpaceX 载人火箭顺利升空，以前需要政府举国之力才能做的事情，现在一家 6000 人的公司就可以完成。很多行业内的朋友说马斯克之所以能完成这种壮举，都是持续集成、持续开发的功劳，将火箭专用 CPU 换成可支持的商用 CPU 等，但云层想说一个关键内容是，所谓的传统企业瀑布型开发模式，真的完全可以用敏捷模式替代吗？云层经常说到一个词——双态，即稳态和敏态。例如银行券商或嵌入式程序对质量要求很高，不是所有的业务都能做成敏态的，稳定、可预测的业务可用稳态来做（瀑布），变化快的业务用敏态来做。敏态在解决问题上比稳态所需要的信息同步及可视化要求高得多。传统瀑布可以通过文档来解决沟通问题，而敏捷以交付为核心，如何保证在文档较少的情况还可以回溯跟踪，确保可靠性，可视化同步是重中之重。

当下热门的电动汽车就是一个以汽车硬件为基础的瀑布式开发、车载系统敏捷式开发的代表作。车载中控做得最好的一点就是交互可视化，把以前冰冷的物理式按钮和表盘变成了电子化展示，包括倒车雷达、自动停车系统和 360°视频跟踪等，极大地优化了驾驶体验。

在软件看法中解决可视化的方法就是看板，日文名是拼音的 Kanban，所以看到 Kanban 和看板可以理解为一个内容。看板帮助解决了沟通问题，实现了价值管理，这也是看板最重要的核心功能。

讲看板前首先说一说同理心问题。有个故事：男孩和女孩分别在不同的城市，当时还没有视频聊天，都是通过电话沟通的，聊了很久之后，终于，男孩对女孩说："我去你的城市看你。"于是女孩每天在家门口等男孩，请问：男孩和女孩哪方更吃亏了？如图 7-1 所示。

男孩一直在向目标前进，非常明确地知道自己的方向和目标，以及最后的距离，而女孩子一直在被动地等着，不知道什么时候会看到结果。从等待结果的角度来讲，女孩是吃亏的。

说到同理心就会谈到换位思考的概念，大多数情况下被动等待的结果是越等越渺茫。如图 7-2 所示，有个故事叫作选择成本（淘汰成本），有些人吃了一次亏，还会继续去吃亏，不愿意跳出来。例如你花 10 元钱买了一个东西，然后发现被骗了，但你不会告诉别人被骗了，

图 7-1　敏捷的同理心

你会继续往下说 10 元钱买的东西被骗，可能 199 元买的东西不会被骗，然后 1999 元买的东西不会被骗，就这样一直被骗下去，这和赌博是一样的道理。

图 7-2　换位思考

大多数工作中最怕的是信息不对等却在盲目等待。例如，需求变更（Change Request，CR）没有通知，或者通知的时候已经很晚了，来不及修改或改完还要继续等待很多环节验证是否通过，这种煎熬是大家最不愿意看到的。

前两天有个朋友说他面试时遇到件很头疼的事情：他去新公司面试时要求月工资 18000 元，面试官回复说你先回去等消息，他回去后很纳闷，为什么不当场告诉要还是不要？结果等他回去，还是处于煎熬的等待过程中，是不是自己没回答好问题，别的公司给了工作机会但是工资不高，我要不要等，最终导致自己不能有效地管理时间。当你同时有几个工作机会时无所谓，但你没有想过会出现状态空置的问题，这也是建议大家不要裸辞跳槽的原因——中间的变数太多了，很难保证很好地衔接，可能一休息就休息很久，错过一些机会会影响心态。

例如云层在家带孩子的时候永远不知道孩子什么时候醒，由于不知道孩子什么时候醒所以云层不敢录课，因为录课过程中万一孩子过来敲门就完了，最终导致录课一般都是在凌晨。

换个角度，如果可以主动获取信息会不会更好？例如，不管能不能得到工作机会，我都能按照自己的计划安排任务，按时学习《敏捷测试从零开始》，这样在下一次面试中就可以主动地应用新学的知识，避免书到用时方恨少的情况。

当你拥有了相关的敏捷或 DevOps 证书，再去面试时就会感觉完全不一样了。云层的学员中有几个学生特别有感触，就是动作快一点、主动一点，在 2019 年 12 月将 ACP 考完，然后面试跳槽就好了。2020 疫情导致直到 10 月后才在部分城市恢复了 ACP 的考试，即

9个月空窗期是不会有竞争对手的。2020年三四月份有好几家企业去投标需要敏捷证书的员工，早一步获得证书的人优势很大。

正是因为主动进步的光明大家还没感受到，所以执行力肯定没云层强。前段时间云层准备开始做小视频，但是场地和时间都不理想，这不是不做的借口，于是云层下了飞机，凌晨一点在家里对着衣橱直接录了个视频，等这本书出版的时候大家应该已经能看到很多云层的脱口秀小视频了。这件事情还被几个朋友说做得太快了，在我看来与其思考怎么做，还不如先做了看一看效果。

只有主动做了才有反馈（Feedback），所以建议大家做敏捷测试时尽量往管理方向去思考。如果你是组员，则应该意识到团队管理的问题；如果你是组长，则应该意识到你不是做技术核心而是管理核心。最后需要明白年龄大了之后做技术是很难拼过年轻人的，所以还是安心做懂管理的技术比较好点。

在工作中最怕的就是加班，而加班最怕的是不知道加班要做什么。

怎么看待加班的问题是面试中面试官经常问的问题。说不爱加班，会被看作不求上进，不能与公司共同进退；说爱加班，其实又有浪费生命的感觉。记得有一次去面试一个公司，我说我这么大年纪你们能接受吗？面试官说他就是看中我年纪大。我觉得这句话说得有问题，其实我很年轻的，其次我不是这样一个庸俗的人，但是只要钱给够我无所谓。我不喜欢加班怕的是加班只是为了凑时间，证明自己努力了，工作完不成时态度到位，但我明明可以自己管理好时间，把工作做好，为什么还要装呢？本来学习成绩已经是第一了，还要给大家装学习很刻苦么？所以说加班不可怕，可怕的是加班没有明确的内容，导致又进入了未知问题、未知解决方案的状态。换个角度说就是希望加班是一个用户故事，用户故事是加了班能够取得对应的价值。

例如今天晚上加班是为了要上线一个版本，团队需要对这个版本进行上线前的测试，但是为什么要今天晚上发，今天晚上测呢？不能昨天做完了今天发么？这东西需要有人值守么？不一定，通过CI/CD甚至发布生产后进行灰度自动化就行了。

参考阿里双十一的例子，以前大家都很忙，针对各种情况重启服务、扩容，而现在要做的就是看着系统的指标，最后平稳渡过，这才是我们持续交付高质量的目标。发布前把质量做到位，信心满满地上线，而不是通过加班来证明自己的无能而态度端正，问心无愧。大多数团队都有这样的情况，如何跳出这个怪圈，是从被动到主动的思想及能力的体现。

你觉得孩子每天学习都很努力，考试时就玩，还是平常贪玩但是到了考试之前努力一下？在成绩一致的情况下，以平常心对待学习应该是最好的吧。一个管理者要为团队构建平滑的发展规划，不能忙一阵闲一阵。多年前我在做管理的时候遇到项目赶工后的休整，跟组员说最近项目不忙学点东西吧，结果是大家都很反对，上个月忙成这样了天天通宵加班,最近闲了就打打游戏休息休息吧。我相信很多人现在也是在这样重复着。这里所遇到的问题其实是公司文化的问题,内卷不是你拼命做,而是你能长期稳定地比别人快一点去做。

说到看板很多书上会讲到这样一个故事,如图 7-3 所示。

图 7-3　让光照亮问题

有个人开着一辆车去了一个酒吧,喝完酒之后发现找不到车钥匙了,这时警察看到有个人在路灯下面找东西觉得很奇怪,问:"你在干什么?"酒鬼说:"我在找我的钥匙(I'am searching for my keys)。"

警察问:"灯下干干净净的怎么会有钥匙呢,别的地方找了么?"酒鬼说:"因为只有这里有灯,别的地方没有灯是没法找钥匙的。"其实这个道理跟刻舟求剑是一样的,回到自己工作中,很多时候我们都在做同样的事情。

举个例子,大家作为测试人员,如果提交的版本测试不通过,就只能努力地提高测试技术,尽可能更快、更好地发现问题并提交缺陷,而不会跑到研发部门去说以后代码基本质量不合格我不测,或者早点和研发及产品明确验收标准,问题不就是因为你只能看到你自己有光的那一个环节? 开发做得是否到位,需求做得是否到位,你都看不到,这也是导致测试人员过分依赖自动化,甚至希望通过测试技术去弥补研发技术的情况。为什么自动化测试要去适应被测对象的不规范呢?

通过看板把交付流程中的过程及问题照亮;通过可视化流程,进行度量,从而进一步优化。

看板是一种可视化工具,在 ACP 中也称为信息发射源,泛指所有用信息可视化解决、沟通、同步问题的手段。

7.1 解决沟通的代价

沟通一直是多人合作中的瓶颈。同一件事情要不断地和很多人同步确认,非常浪费时间。化被动为主动是解决问题的一种方法,不要所有事情都需要别人来问我来答,从别人问到主动推送,主动推送给别人让别人需要的时候去查。别人需要了来问你,你才给他一个应答,这样的效率是很低的,从单点点播型变成广播型,沟通瓶颈就解决了。

例如坐公交车需要知道车什么时候到,如果每个人都要去查当前公交车在哪里,效率就很低,在车站立一个电子车牌,把车到站的时间写出来,大家都会觉得方便很多。

工作中也是同理,如果有一个大屏可以让你随时看到整个项目的当前状态,是不是在休息的时候也能随时关注自己想关心的一些事情。邮件或者管理平台并不能完全做到这一点,它们可以帮助任务排队而不会打断你当前的工作,而更有效的做法不是把做完的事情推送到别人的队列中,而是让别人知道你做完了,正在等待下游去对接,从推送(Push)变成拉动(Pull)工作模式。

在工作中我们会遇到很多问题,而可视化可以将很多问题暴露出来,从而帮助我们快速定位和解决,如图 7-4 所示。

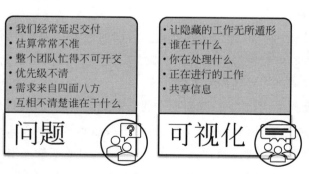

图 7-4 通过可视化来解决问题

过度的可视化会导致信息对称的问题,例如看到研发团队在打游戏,你可能会想不是说今天要发布新版本么,怎么还有空玩? 实际情况是研发人员在等上游的需求变化,所以可视化可以暴露问题,但是并不能变成监控。就像外卖平台一样,监督和评估每个送餐员的时间是需要的,但是不能过分压缩时间,否则会带来更多问题。

7.1.1　看板

到底什么是看板(Kanban)？准确的叫法为看板管理。这种叫法可能更合适一些。看板管理来自于精益(Lean)管理。

考证一般会从敏捷认证开始,再通过 DevOps 认证,最后了解精益。敏捷是第一层表面形式,然后 DevOps 做端到端,最后是精益。很多敏捷相关的书籍会谈到精益或者引用一些常见的精益理念,例如精益生产屋。

看板管理,常被称为 Kanban 管理,是丰田生产模式中的重要概念,指为了达到及时生产(Just In Time,JIT)方式控制现场生产流程的工具。及时生产方式中的拉式(Pull)生产系统可以使信息交换的流程缩短,并配合定量、固定装货容器等方式,使生产过程中的物料流动顺畅。

如图 7-5 所示,电子看板直观地展示了当前有几条生产线,每条生产线今天预计的产量是多少,实际的产量是多少,目标产量和实际产量的差距是多少,就像进度条一样,可以直观地看到工件逐步通过各个工位,离最后步骤越来越近。不同生产线的工位状况可通过不同的颜色表示,例如图 7-5 所示的流程有 8 个工位,因此有 8 种状态,可以看到每种状态当前的数量是多少,然后就可以知道什么地方有问题,几号工位交付速度比预期情况偏慢。

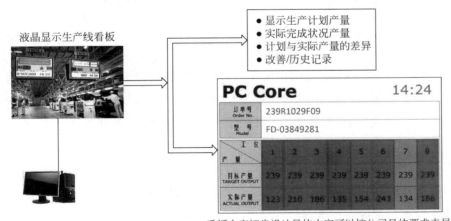

看板内容初步设计具体内容可以按公司具体要求来显示

图 7-5　生产线看板

第 1 个关键词是及时生产。例如我在 6 月 3 日需要一台新的计算机办公,那么我什么时候得到这台计算机最好,原则上来讲越接近这个时间去买越合算,因为计算机总的来讲价格是稳定下跌的,如果太早买了又用不到,就会产生在制品(Work In Process,WIP)浪费,而生产端如果提前生产了我在一个月以后才需要用到的计算机,也会因为库存积压导致浪费,更不要说组装这台计算机所需的零部件的价格变化了。

在精益生产中 JIT 是非常重要的。如果组装一辆汽车所用的所有零配件都是正好准时送到的,则能以最低的成本组装并且立即交付给客户。

第 2 个关键词是拉动(Pull)模式,指作为下游从上游拉取内容来使流程缩短的一个过程,而上游采用填充模式将完成的任务放在中间区域,通过拉动模式选择任务,避免下游任务的堆叠导致流程阻塞。

7.1.2 基础看板

通常一个基础看板有 To Do、Doing 和 Done 3 个阶段,如图 7-6 所示。

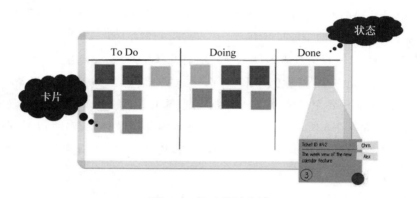

图 7-6　基础看板示例

To Do 是要做什么,Doing 是正在做什么,Done 是指已经完成的。把任务分成这 3 种状态,就可以从上游拖动任务到下游,例如现在想做点事,就可以把这件事情从 To Do 状态拖到 Doing 状态,完成后再拖到 Done 的状态上,这样就可以方便地进行任务及时间管理了。

其实说到这里,我不得不说一件事情,以前我非常讨厌写周报,最早在 Etang 公司的时候让我写周报,那时候一到周五我就很痛苦,因为想来想去这周都没做什么事情,虽有基本测试、流程跟踪等一堆琐碎小事,但是周报写出来没什么内容。

你可能在某个阶段特别讨厌写周报这种类似于形式一样的事情,耽误时间还不如多做点眼前要解决的问题,现在我倒觉得写周报非常容易而且很有意义。

周报的核心是回顾这周做了什么事情并且解决了什么问题,如果写不出来就说明解决的问题不够深刻或者真的没做什么有意义的事情。很多人可能会说这周做了很多事情,只是觉得写周报没有什么意义,但是我可以告诉你这种想法是错误的。

第一，从管理者的角度你是错的；第二，从个人角度你也是错的。可能大家会遇到有些很会写周报的人，写出来的东西很吸引人，但他其实并没有做什么事情，难道我也要走这种虚的形式？

前面在讲用户故事的时候，讲到了用户故事的目标价值，你做了很多事情，但做了之后又不能说明它的价值是什么，是不是说明你做的有问题？你应该让领导、客户及整个团队都知道你做这件事情产生了什么价值，在这其中你做了什么，解决了什么困难。如果自己都不知道怎么描述，就知道闷着头去做，人家说测试做得没有什么意义，不是很正常的事情吗？

喜剧电影《破坏之王》里有这样的情节：周星驰饰演的何金银喜欢钟丽缇饰演的阿丽，然后又不敢表白，最后被断水流大哥"截和"了。总结一句话，"做人低调，做事高调"，要让别人知道你在这件事情上发挥了很大的作用，避免让人有那种有你没你都一样的感觉。

所以目标价值很重要，写周报最重要的是写清楚做了什么，解决了什么问题，还有什么困难，这与后面将会讲到的每日站会提 3 个问题类似，而且一旦周报写习惯了，写年度总结，升职加薪也就容易了。

周报和计划是一对，写本周周报，还要写下周计划，在计划中要体现即将交付的价值。如果有阻碍或者依赖于别人才能交付的产品，一定要提前预约，让相关人员了解问题的严重性。不要出现我下周做什么事是等别人的，如果没做完我甩锅给别人，而应该在别人无法解决前置问题的情况下，合理调整并为自己安排别的任务。

使用看板把任务按优先级排列，标记出有前置依赖的任务，根据情况移动到 Doing 状态。如果依赖于前置任务，但由于一些原因停滞了，那么就把这个任务卡片留在 Doing 状态下，再从 To Do 中拖动一个高优先级的任务，这也是看板对于价值管理的基本方法。第 8 章会进一步讲看板价值管理的扩展，通过看板管理用户故事地图。

Doing 状态中的任务完成了，把对应的任务卡片拖曳到 Done 状态，说明这个价值可以交付了。通过看板可以非常直观地了解最近要做的任务，正在做的任务，以及这个时间段内已经完成的任务。

如果通过看板来管理工作，在这个基础上要做周报，是不是就容易多了？其实日历也是一种非常好的手段，最有效的时间管理方法就是不断排列优先级，充分利用时间。

7.1.3　看板拉动模式

大多数常见的工作模式是基于推动模式实现的，就是把自己的工作做完了交接给下游，但是这样做有个缺点，就是并没有考虑下游是不是已经出现阻塞了，再交给下游新的任务，就会出现常见的快递爆仓现象。

看板是基于下游拉动模式工作的,即下游完成任务后从上游选择合适的任务。也就是从 To Do 中选一个觉得合适的任务开始 Doing。

下游可以随时看到上游还有多少个任务要完成,可能上游的上游还有多少任务,就和堵车时司机知道前面堵了多远、多久一样,至少有个盼头,那么可以根据当前的情况来选择如何处理当前可以处理的事情,或者从上游选择一件合适的事情来执行,如图 7-7 所示。

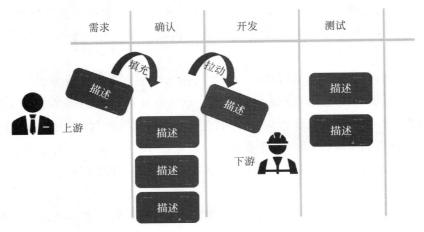

图 7-7　看板的拉动模式

我现在有 4 个工作机会在手上,想去哪家就去哪家,作为下游,主动权在我自己手上,甚至你可以主动和上游协调入职时间,这样好在过渡期休息一下或者做一些更有价值的事情。能不能等我一个月——最近想好好静下心来考取了证书再来入职。

对于下游来讲有主动权才能做最有价值的事情。

7.1.4　让信息对等

软件开发是一个多人合作的工作,为了减少沟通的成本要不断地切小组织规模,降低沟通复杂度,但是就算是这样,多团队之间的信息沟通也是很困难的。

以前聚会最怕的就是等待,因为约好的时间总是很难做到所有人都准时到达,如何快速让大家都能到位,这时候信息对等就是非常重要的事情了。现在大家的做法是发个微信定位,如果时效性高一点,则会用微信位置共享,极大地让信息同步,避免找人找不到的问题,如图 7-8 所示。

有个笑话就是说这种事情,测试人员问开发人员今天什么时候发布版本,开发人员回答等我下班后。第二天测试人员过来问开发人员为什么昨晚版本还没发布,开发人员回答因为我还没下班。

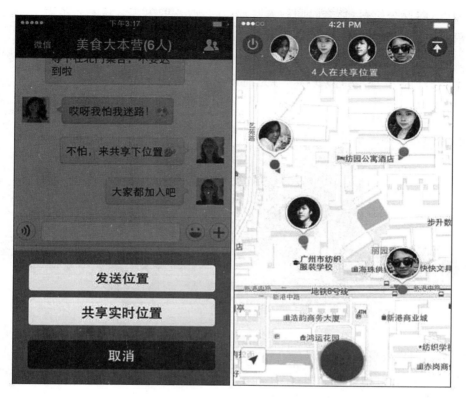

图 7-8　信息对等的重要性

7.2　如何构建看板

从 DevOps Foundation 认证的角度来讲价值交付的过程叫价值流（Value River），就像一条河是从上游往下游流动的。看板可完整地可视化交付过程，一般由卡片和属性等组成。

7.2.1　卡片的基本属性

随着你的任务越来越多，通过大脑记忆就非常不现实了，云层也有错误地买了两张相同机票的情况，除非你有个很好的秘书，秘书做什么事情呢？

有部电影叫《穿 Prada 的女王》，安妮·海瑟薇在里面扮演女秘书，帮她的老板管理所有事情,如什么时候买机票,什么时间约见客户,什么时候收杂志。认真思考就会发觉,其实她做的就是一个价值管理的事情,而她是通过 To Do List 实现的。

可以设置卡片任务,通过看板来管理这些价值,如图 7-9 所示。这是一张比较普通的看板任务卡片。通常看板(物理)任务卡片是通过便利贴代替的,卡片一般包含以下 5 点。

图 7-9　卡片的基本属性

(1)基于用户故事格式的价值描述。

(2)卡片唯一编号,便于查询。

(3)卡片负责人。

(4)卡片任务的优先级。

(5)卡片的编写时间。

这样谁都可以在看板上看到这个任务的相关基本信息,从而了解整个看板上任务的阶段及状态,卡片还可以有更多的属性,第 8 章再进行展开。

7.2.2　构建看板状态及扩展

普通看板是通过 3 种状态来完成管理的,而软件交付的过程要多很多,所以首先要根据当前需要管理的范围设置基本的看板状态。为了便于进一步管理各种状态下的细节状态,形成明显的拉动模式,在状态下设置了进行中(Doing)和完成(Done)的子状态,如图 7-10 所示。

通过设置状态下的子状态可以清晰地表明上游当前积压的任务和在做的任务,便于下游了解上游的状态及可能的任务情况。

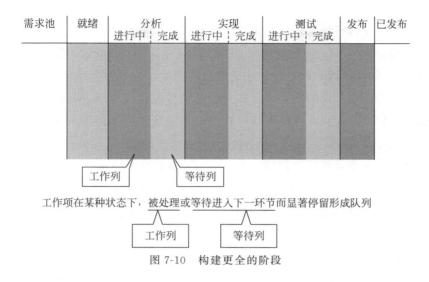

图 7-10　构建更全的阶段

7.2.3　设定状态迁移准则

只有状态列和子状态列还不够，由于从进行中到已完成的规则，甚至状态到状态的切换规则不明确，很容易导致问题被传递到下个阶段后才被发现，从而导致再返工的问题。

为了保证以内建质量为思想的精益交付模式，需要设定明确的状态迁移准则，而这个准则可以参考验收标准（AC）、完成定义（DOD）或准备定义（DOR），如图 7-11 所示。

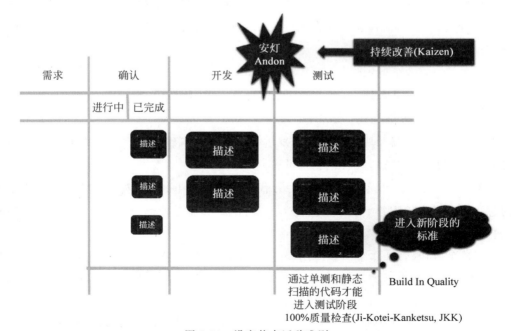

图 7-11　设定状态迁移准则

卡点的标准是什么时候允许从开发的已完成状态拖动到下游测试的过程中,通过内建质量(Build In Quality,BIQ)的检查规则,才能提交给测试。现在这个规则一般通过持续集成来代替,即通过单元测试和静态扫描才能设置为研发完成后提交系统测试阶段。

而对于需求确认到开发的准则可以在需求已经写过验收标准、明确了探索性测试或者规范的完成定义后。甚至在开发前可以设置测试驱动开发脚本的编写规范,从而进一步加强代码质量。

这种方法可以确保每个阶段都达到了一定的质量再进入下一个阶段,也是从 Doing 到 Done 状态的定义。很多公司要求研发人员需要对自己写的代码负责,需要编写单元测试脚本达到一定的覆盖率,目的就是谁写的代码谁负责,避免交付给下游不达标的代码,争取做到 100% 质量检查(Ji-Kotei-Kanketsu,JKK)。

有一部电影名为《极速车王》,讲福特和法拉利汽车公司如何制造赛车的故事。里面也涉及了 100% 质量检查的问题,如何保证做的每个零件质量都是没有问题的,组装到一起才能达到对应的标准,在这个过程中要不断地剔除没有用的零件,换更好的零件,赛车比赛不是简简单单把最好的东西组装在一起就行了。

当所有规则都已指定并且开始执行,如果中间有过程没有达标怎么办呢? 例如团队中出现了一行代码没有达标就被推到下个阶段去了。

这里有一个故事:在整个丰田生产线(Toyota Product System,TPS)上有一个工序需要把发动机引擎安装在汽车里,然后拧上螺钉。现在出现了情况,引擎无法装在合适的位置上,而生产线还在向前移动。现在已经无法在规定的时间内完成安装了,工程师有 3 种选择。

(1)把引擎或者车架剔除,这两个零件是不对的,把它剔掉,继续装下一个零件。

(2)把生产线停下来,去检查出了什么问题才会导致引擎不能安装。

(3)继续生产,什么问题都不管,处罚我也不管了。

大家觉得应该选哪个呢? 在软件研发过程中这类的事情也很多,通常的做法可能是就地打磨一下或者手工修改,强行把它塞进去。

我不知道大家有没有做过乐高或者万代的模型,装到一半突然发觉装不上去怎么办? 你的想法可能是拿锉刀锉一锉,把它装上去就行了,然后越往后越装不上去。乐高特别明显,如果你装错一个,后面是装不上去的或者不牢固的。

在标准的 TPS 管理体系中会使用安灯(Andon)。安灯指在生产线上有一根像拉灯的绳子,如果发现在整个生产线的工序时间内不能把这个工序完成就需要拉安灯,整个生产线会完全停下来,检查导致工序失败的问题是不是客观存在的。

生产线停工所带来的损失是巨大的,为什么还是要停呢? 从短暂的损失来看生产线停工是一个即时损失,但是从导致当前工序失败的角度来讲,潜在损失更为可怕。在精益生产里讲到,如果当前的这个零件不能和另一个零件组合,就说明这两个零件中肯定有一个零件,甚至可能所有零件都是不合格的。这些零件不合格就意味着它的前置流程可能都有问题,如果现在不停止生产,就会不断地生产出不合格的零件。

如果这次通过额外的处理勉强通过了,而后面的零件仍然会出现越来越多的问题。疫情下武汉全面封城的做法也就是拉安灯的做法,避免疫情不断扩散。待到全面清零后再开始恢复生产。

道理很简单,但在软件测试中为什么没有做到呢?因为在交付发布中遇到问题时,很少选择改日重发及立即寻找导致失败的原因,而是线上修改强行上线,毕竟如果上不了线损失更大,而随着这样的情况越来越多,生产环境和研发环境的代码和配置逐渐无法同步,导致每次上线的风险越来越高,这也是导致现在发布版本困难的原因之一。

DevOps 通过持续发布来不断发现问题,通过敏捷小批量持续交付来修正过程错误,通过看板找到过程,明确状态后通过迁移规则实现过程 JKK。在多次适应交付的混沌后,错误会被逐渐左移,发现得越来越早,从而做到持续高质量地交付用户价值,这个改进过程也称为持续改善(Kaizen)。

在很多写持续交付的书里都会提到,如果无法完成持续集成,则必须在解决了这个问题后才能进行下一步开发,不能说这个功能不确定就不写好,只有每次都高质量交付才能确保整个系统的可靠性。

内建质量文化是每次交付的工件(代码、文档)都是高质量的。

7.2.4　构建阶段的问题

构建好看板后很容易出现以下几个问题,如图 7-12 所示。

图 7-12　阶段构建应尽量避免的问题

1. 看板阶段太多

看板的阶段太多,也就说明了价值交付的流程过长。在电影《极速车王》里福特面临的问题是管理人员收到一个流程后要通过 3 个秘书去检查。可想而知,一个紧急的任务就这样被拖垮了。

互联网公司一般会以压缩流程来调高交付速度。

太多的阶段导致做任何一件事情都要多次移动卡片,很浪费时间。一般,卡片的移动、收起都在半天以上。也就是说,一张卡片的工作量基本上需要半天的时间来做,适度地设置任务卡片的工作量是基础。

2. 看板过长或者卡片过多

如果看板太长或看板上的卡片太多,就没有办法准确地看到问题,这时应该根据团队和使用看板团队的情况,只保留相关过程,避免看板流程太多而成为瓶颈。

3. 尽量回避对别人工作的入侵

工作是无法简单地通过数字精确管理的,思考的时间和休息的时间都是需要的,过度细化管理对使用者来讲将成为一种监督,反而适得其反。

以上是阶段构建中常出现的相关问题,在构建团队阶段应当避免出现这些问题,绕过这些"坑"。

做看板的目标不是把所有事情都赤裸裸地暴露出来形成监督,而是基于承诺和信任的信息分享,需要每个人都愿意把自己合理地制订的工作计划在看板上可视化,形成团队的有效沟通。

7.2.5　构建泳道

在构建了看板之后,可以通过在看板上移动价值来完成管理,如果遇到紧急任务怎么处理呢? 一般会使用泳道这种方法来区别不同优先级的任务,如图 7-13 所示。

划分多个泳道将不同优先级或者不同迭代交付目标的任务进行分类,这样可以更加专注地把握前后任务。好比高速公路,设置不同车道的最低车速可以让车辆在道路上行驶得更加流畅。

泳道的目的是平衡资源和流动,将泳道设置给高价值、高流动要求的任务,在没有高流动价值泳道的情况下选择次流动要求的任务,所以在多泳道的情况下接着要区分快速泳道和低速泳道。

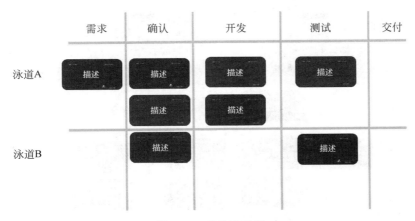

	需求	确认	开发	测试	交付
泳道A	描述	描述	描述	描述	
		描述	描述		
泳道B		描述		描述	

图 7-13　多泳道看板

7.2.6　VIP 快速泳道

构建 VIP 快速泳道,以最快的速度响应高价值、高流动这一类任务的需求,从而帮助客户创造最大化价值。

为什么飞机或者高铁都有头等舱,哪怕空着也不会降价出售?因为要留给更有价值的用户,在不计成本的情况下提供解决的手段。

以前我并没有意识到飞机的商务舱跟经济舱有什么差别,直到有一次体验后才发现有钱真好。

第一,好的航空公司的航班时间好,登机通道也近。以前每次去机场都要从通道头走到通道尾,离拿行李的地方也特别远。

第二,商务舱一般会提供贵宾厅,到了机场可以直接进贵宾厅,有人帮你拿登机牌,通知走独立通道安检,甚至专车送到登机口,贵宾厅还提供正餐和茶点,可以极大地节约时间,而以前的我要提前 2 小时到机场体验安检的排队,在机场吃个简餐或者自己带一点东西熬上飞机的困苦。

这时候就会发现原来花钱是能换时间的,就像网约车一样,不用在马路边苦苦地等待,而是在家约好,看车要到了再下楼,等待的时间可以做别的事情。

高速公路上都会提供一条应急车道就是为了给特殊车辆使用,例如供消防车、救护车等执行任务,如图 7-14 所示。

使用 VIP 快速泳道的时候需要注意,不要让客户知道有 VIP 快速泳道或者适当控制 VIP 快速泳道。看过《凤凰项目》这本书就会知道,当客户知道有 VIP 快速泳道后,他们会想尽方法来让自己的任务成为 VIP 任务,从而尽早获得交付。当你没跟客户说走 VIP 快速

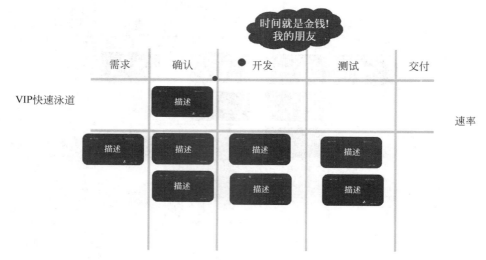

图 7-14　VIP 快速泳道

泳道需要额外成本的时候,他们会想尽办法让自己获得这个 VIP 待遇,当所有的任务都变成了 VIP 时实际上就没有 VIP 了。

　　其实很多时候事情是没有那么急的,只是因为不花钱而且觉得这件事情能尽快地交付。实际上是因为客户只是觉得,既然花了钱我就要得到额外的内容,更优质的服务肯定是好的。

　　对于一个成熟的团队来讲,交付的单位时间量是相对稳定的,虽然可以通过加班提高单位产出,但是长期来讲是有害无益的,所以应通过成本来让客户选择泳道,从而在有限的资源下交付最有价值的内容才是最好的。

7.3　推动看板落地

　　有了以上这些基础内容之后可能大家已经跃跃欲试,想在公司落地看板了,但是感觉好看和好用还是有很大区别的。

　　经常在客户这里会看到看板在用,但是效果不明显,长期闲置很少维护,主要问题还是在于团队对信息同步的认同感。如果做看板这件事情在增加自己的工作量,落地的效果肯定不会好,所以首先团队的所有成员得主动去做这件事情来消除沟通成本。

　　就像前面讲的 Swagger 或者 Junit 单元测试框架,开发人员要主动把代码规范起来,以此确保质量内建,而不是觉得自己做了别人也看不懂,就不做了。例如测试人员要在确定好验收标准后完成对验收标准执行的自动化脚本,然后让开发人员在持续集成的时候自动运行这个测试脚本,如果脚本执行通过,则说明代码实现正确。开发人员就会觉得这个很好用,随时可以获得反馈,并且出错了还知道原因,测试报告里有明确的用例说明及对应需求。测试人员还可以进一步将这套体系教会开发人员来维护,这样这个开发人员也就具备了一定的自测能力,这个过程可以称为测试赋能研发自测能力。

7.3.1　物理看板

看板一般分为物理看板和电子看板,这里推荐优先使用物理看板,等到团队熟练使用了物理看板后再考虑使用电子看板。因为物理看板会强烈地推动沟通,一旦发生变化,团队都会意识到有人在看板前驻留,添加或移动了卡片,从而触发信息同步。

主动移动看板让干系人知道项目发生了什么变化,并且团队绝大多数人会在不经意的情况下快速了解这些信息,就像墙上的时钟一样。

当然物理看板有个比较大的缺点,卡片不易保存,而且卡片的描述相对维护困难,需要随时更新卡片并重写卡片内容,而这也会提升更新卡片同步信息的效果,虽然看起来很费时间,但是印象更加深。

物理看板最大的优点是速度快、成本低。只需一块白墙或者白板,然后加一盒百事贴就可以了,如图 7-15 所示。

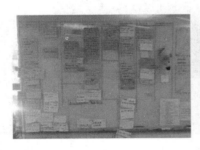
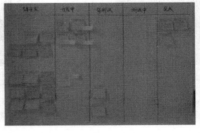

图 7-15　物理看板

解决物理看板信息保存的问题有以下两种方法。

(1)卡片移动后拍照是一个比较简单有效的方法,然后发送在群里,这样每次的变化就记录下来了。

（2）使用其他辅助工具来稳固卡片，例如磁性贴或者美纹胶。有些卡片本身就是带磁的，可以长期使用。

7.3.2　如何使用便利百事贴

经常使用看板就会发现百事贴总是很容易从看板上掉下来。为了解决这个问题，我在家里将一张百事贴贴在厨房的瓷砖上面，结果两个星期都没有掉。这里给大家介绍一个使用百事贴的小技巧，百事贴的撕法有两种，这里来对比一下。

第一种撕法叫作标准的撕法，如图 7-16 所示。一般大家都是这样从下往外撕百事贴的，最后百事贴的右上角会有明显的卷曲。

图 7-16　百事贴的第一种撕法

第二种撕法如图 7-17 所示。把百事贴横过来，从左上角的粘连处开一个小口，然后轻轻地展开整张百事贴，你会发现百事贴非常平。这两种撕法哪种好，我可以肯定地告诉大家第二种好，当百事贴出现卷角的时候就意味着粘连的面积变小了。

当下次你遇到别人的百事贴总是从看板上掉落，并且不断抱怨为什么不用电子看板时，可以骄傲地科普一下这种方法，如图 7-18 所示。

图 7-17　百事贴的第二种撕法

图 7-18　撕百事贴的正确方法

　　还有另外一点需要注意，白板要擦干净，手也要干净，不要让百事贴的粘连处失去黏性。正常使用了物理看板后就要让看板上的价值流动起来，避免看板沦为形式。

7.4 让价值流动

最后讲一下如何让看板流动起来,看板上的所有东西都是价值,只有让卡片从左往右移动,它才能真正流动。那么如何流动呢?

7.4.1 注意要点

看板不是为了知道团队成员是否完成了这件事情,而是为了评估整个团队的风险,从员工的角度来讲,要我做 A,就做 A,这样的命令模式是不对的。在看板管理中,不是由开发负责人或者测试负责人安排任务给员工,而是员工自己去看上游已完成的任务有哪些,自己选择合适的内容。看板不是为了监督员工,而是为了了解整个价值的流动过程。

例如我所在的公司有周报,我也会写周报并交给 KS 老师,里面包含这周做了什么,下周准备做什么。其目的是让 KS 老师知道我的行程,什么时候可能出差,交付无法在线,哪些任务是需要她配合的,哪些任务是下周我需要优先做的,哪些事情是可以自己安排的。这样她就可以自行协调时间,在不影响我的工作任务的情况下,做最有价值的事情。

我愿意主动地把我的时间安排和工作任务分享出来告诉别人,包括写书过程的直播,这样别人就会知道我在做什么,时间是如何安排管理的,再不用去问:"云层老师有没有空?现在在忙么?"。

整个团队的节拍可通过看板构建一个稳定的交付速率,构建团队熟悉的节奏,逐渐整个公司的节奏都会同步,这就形成了强大的执行力文化,大家都会觉得用这个速度来做事情是非常正常的。随着状态越来越好,公司的产出就会越来越高,而在别的公司逼都逼不出来,原因是一个是主动协作共同进步;另一个是被动要求,疲于应付。只有发自内心的热爱才能把事情做好,而不是简单地寻求应付的方法。

所以这里又回到了文化,当你开始做管理层时会觉得以前很多想不明白的事情,突然一下换个角度就想明白了,而在此之前的想法就是要会技术 A,会技术 B,会技术 C,和年轻人比技术是没有前途的,就算现在比得过,过两年还是跟不上,毕竟人家年轻。一定要想清楚要怎样有效地帮助别人才是管理的价值,因为你是个好领导,而他们再怎么做只是个好员工,他们也会想走上管理岗位,但做管理能有你厉害吗? 而且管理能力通常随着时间慢慢上升会越来越强,技术再厉害也会被淘汰,现在都是写 Java 的,写 C 的很难找工作了,所以云层把做了好多年的 Load Runner 放下了,毕竟性能测试仍然只是一个技术体系,可以解决公司的一部分问题,但是不能解决公司的整体问题,而且性能问题本身和一些硬件及基础科学相关,例如数据库的性能问题,在 10 年前要解决各种锁和索引问题,现在用 SSD 和内存数据库就可以解决了。

随着年龄的增长,要有大局观,从整体价值、从公司的大价值来做,有全局意识的领导远远比只懂技术的领导要好得多。因为好领导会帮团队抗住所有的事情,管理做得最大的一件事情就是帮下面人背"黑锅",就是那句"荣誉归团队,责任归自己。"

从大局上把握价值,让团队去处理具体问题,这样基于风险控制的管理人员才是公司最需要的人才。

7.4.2　时间管理

重新回看整个看板,你会发现它和时间管理有很多类似之处,所以圈内很多朋友会使用看板来管理自己的工作。

如图 7-19 所示,有一个装满水的杯子,往里丢一块小石头水就溢出来了,那么是不是说只能放一块小石头在杯子里面?

放大石头　　　放小石头　　　放沙子　　　放水

图 7-19　时间管理

如果先往杯子里放大石头,然后放小石头,再放沙子,最后放水,则可以看到杯子里放了很多东西。

水就好比生活中各种等待、娱乐或者无效的浪费,而石头和沙子好比是各种任务。如果整天都在各种无效的工作中,那么最终是什么事情都没做好,就和前面讲的周报故事一样,而如果先做大任务,然后找时间做小任务,再填充更小的任务,最后在这些剩余时间中填充休息及等待,就会发现原来一天可以完成这么多任务。

　　每次去北京我都选择高铁,因为在高铁上可以安心地看一部电影,然后睡一觉,而在飞机上是无法做到的。以前利用在机场等飞机和在高铁上的时间写了一本《"小白"成长建议：软件测试新手指南》,那个时候利用等待和空余的时间特别有状态,而很多人可能上了飞机或者高铁就在浪费时间等待到达目的地。

　　在这创业的近 10 年中,我养成了用 Outlook 来管理日程的习惯,不断地罗列最近的任务,根据不同的优先级进行排列,进而让每天的工作可视化及饱满。一旦今天的计划任务发生变化,例如客户交付延期,我能很方便地从后面的任务中选择合适的任务前置到今天来完成,把后面的时间空出来留给可能调整的交付。因此云层具备了相当强的适应变化、管理变化的能力,让所有事情在计划中又不陷于计划中。

7.5　小结

　　看板是一种非常好的管理方法,通过可视化的模式将任务动态化。

7.6　本章问题

　　(1) 当前公司的看板有哪些状态,能够补充哪些状态?

　　(2) 当前公司哪些内容应该补充什么样的准入标准?

　　(3) 是否需构建 VIP 快速泳道,进入 VIP 快速泳道的规则是什么?

第 8 章

看板管理用户故事迭代计划

第 7 章介绍完看板基本原则后,希望大家能够在公司通过看板有效地管理价值流动,但仅有单点价值流动是不够的,本章将带领大家全方位地管理价值、扩展卡片及量化用户故事地图。

很多时候用户故事地图是通过看板的形式来管理的,如图 8-1 所示。在用户故事地图中需要全面了解用户的需求,避免局部视角带来的隐患问题,地图的摆列方法用卡片形式来做,本质和看板很类似。第一层管理主流程;第二层罗列流程中的步骤,从而形成用户故事地图的用户行为过程,在未排期(Unscheduled)栏目中放置所有步骤可能涉及的任务卡片,从而形成用户故事地图。再通过任务卡片的估算大小及优先级评定构建 MVP 的迭代交付。

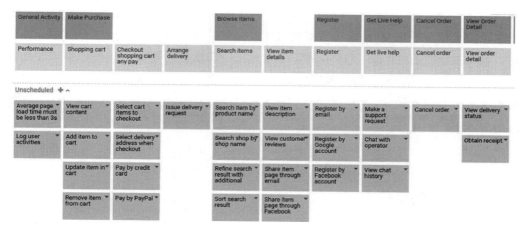

用户故事地图通常基于看板形式

图 8-1　看板和用户故事地图

产品经理带头与团队所有成员共同设计迭代周期及每次迭代的内容范围,还需要构建一个冷冻时间(Freeze-Time)。一般冷冻时间为 1~2 周,虽然敏捷中强调适应变化,但为了能够保证交付价值还是需要一定的稳定周期。

如图 8-2 所示,团队构建 MVP 范围,设计每次冷冻时间内的交付价值,将交付目标命名为 Release1 和 Release2 等，这种做法和第 9 章讲 Scrum 里的迭代冲刺待办列表（Sprint Backlog)体系本质上是一样的。

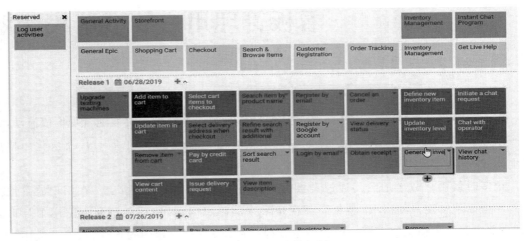

图 8-2　看板与迭代规划

常见的看板模式有两种：第一种是基于用户故事地图转化成迭代模式的看板，即版本发布规划看板；第二种是一次迭代交付过程中进行状态跟踪的看板，即版本交付任务过程看板。

在第二种任务看板中，最左边是本次迭代要交付的所有任务，任务从左往右移动，最终交付。就像从最左边 To Do 项移动到最右边 Done 项，从而进行价值管理。例如在地铁站往往可以看到最近几列地铁到达本站的时间，帮助乘客了解列车班次，这就是整体看板；车厢内有本列地铁所在的站标记及后续站标记，帮助乘客估算下车距离或到达时间，这就是任务过程看板。

8.1　看板管理价值

从迭代计划到任务冲刺管理，需要整个团队或者看板干系人的参与，推动价值持续高质量交付的关键在于提高流动速度。

8.1.1　提高流动速度

提高流动速度就是限制并行数目，如图 8-3 所示。当发现看板上有大量任务并行的时候,解决问题的方法就是提高流动速度,让过程顺畅起来。

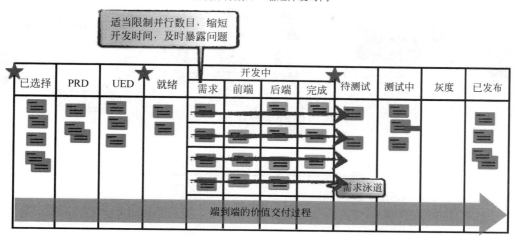

图 8-3 提高流动速度

压缩泳道数量,让过程中的任务减少并行,专注某一件事情,从资源效率转化为流动效率。在工作中为每个环节提供更加专注的工作状态,从批量生产逐步上升到假流动甚至单件流的状态。

行业内的建议基本上是控制并行数小于或等于 4,并行数减少后流动效率提高了,但是成本未必能接受。

8.1.2 促进顺畅流动

压缩并行任务可以有效地提高流动速度,但是往往某些任务的意外会导致流动的阻塞,所以要及时找到问题并进行改正。

看板可反映常见的 3 种问题,促进顺畅流动,如图 8-4 所示。

看板的右侧是交付的最后阶段,围绕价值的目标,从右向左检视每列,聚焦完成。

1. 检查障碍

在更新看板时,如果出现了阻碍当前任务交付的情况,例如测试环境没有资源,则需要在当前任务上标记出来,让相关人意识到有任务阻塞。

在卡片旁贴一张小小的红色标签,就像汽车发生故障时打双闪一样,这样就可以标记障碍了。

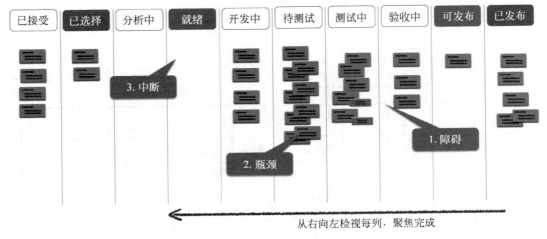

图 8-4　促进顺畅流动

2．瓶颈

当某种状态下的卡片过多时就会出现状态瓶颈,例如当前"待测试"的卡片数目太多,测试团队无法处理如此多的任务。出现这种情况常见的原因是批量交付的上游开发人员一次发布了过多任务或者当前交付的任务缺陷太多,一直无法完成交付。

遇到瓶颈要先停止上游继续发布任务,专注把当前队列中的问题按照合适的规则处理,再逐步恢复接收上游的任务。和双十一快递点爆仓一样,先停止上游发新的快递,避免堆积的快递越来越多。使用自动化提升本状态的处理能力是解决瓶颈的一种好方法。

3．中断

如果某种状态下没有卡片并且上游状态也出现了同样的情况,则意味着价值交付出现了中断,要么是业务做完了,要么就是任务的拆分规划出现了问题。用户故事地图迭代排期也是为了解决类似这样的问题,准确的估算和任务拆分是减少这类问题的关键。

一旦出现中断的闲置状态可以考虑引入新的迭代目标,例如历史技术债,为下一次交付做铺垫。

通常每天都会安排站会评估看板,促进价值顺畅流动,从右往左检视,聚焦高优先级,优先完成接近交付的任务。

8.1.3　湖水岩石效应

任务越多,问题被掩盖得越深,导致总在解决表面问题,而本质问题并没有暴露,这种现象称为湖水岩石效应,如图 8-5 所示。

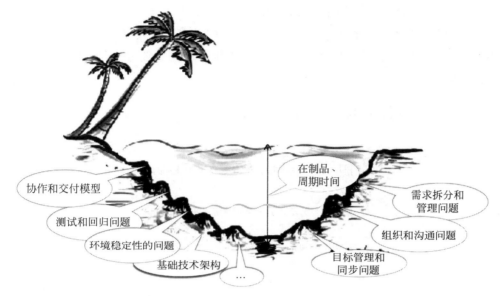

图 8-5　湖水岩石效应

有些人工作很忙且收入还不错,这两种情况同时存在时常会给人在行业里是翘楚的感觉。行业内在这种状态的人很多,在互联网公司做测试开发好像很忙、很厉害,但是真的是这样子么? 其实公司希望通过这样让你尽可能忙起来,且一旦忙起来你会缺乏一个有效管理自己的过程,工作中面临问题时花的时间越多,技能越垂直,因为在做大量重复的事情。原则上当一件事情不断重复再重复的时候,熟悉到一定程度也就没有意义了。大家都知道学习是前面 100h 快速进步,后面 10000h 都在重复形成肌肉效应,而过分垂直的技能会逐步体现出缺乏成长能力所要求的全面。在看待问题时,由于自己的时间被完全填充,导致缺乏思考和回顾的过程,最后将自己的不足全部隐藏。

控制在制品数量,降低同时开发的任务数,以便将问题暴露,并且及时解决。每次交付的数量越少,交付速度越快,获得的反馈也就越准确,从而及时解决问题,并且预防以后的同类问题。从怕上线交付出问题改为主动多次交付,逐渐适应、克服问题和解决问题,这也是行业中每日构建(Daily Build)体系成为主流的原因。

例如考试就是这样,因为考试没有准备好,所以希望考试尽可能少,最好一年考一次或两年考一次,等到考试前再花时间去准备。但实际上想真正考出好成绩需要多进行考试,最好每天学完一点就考一点,有时候随堂练习还不够,最好是讲了知识点马上考试,这样可以马上了解知识掌握的情况。

理论课很难通过直接考试的方式来强化掌握,因为很多理念不能简单地总结出来,需要有相关痛点并且构建自己的认知体系，但动手课不一样，会有强烈的反馈过程，如写代码写不出来，特别符合流动效率，不能等到代码全部写完了再编译，而是写一行马上会发现不对，因为语法提示已经告诉你对不对了，这就是所谓的湖水岩石效应。

在行业中通常减少在制品提高交付速度，据说阿里85%的业务交付能够做到211交付能力，如图8-6所示。

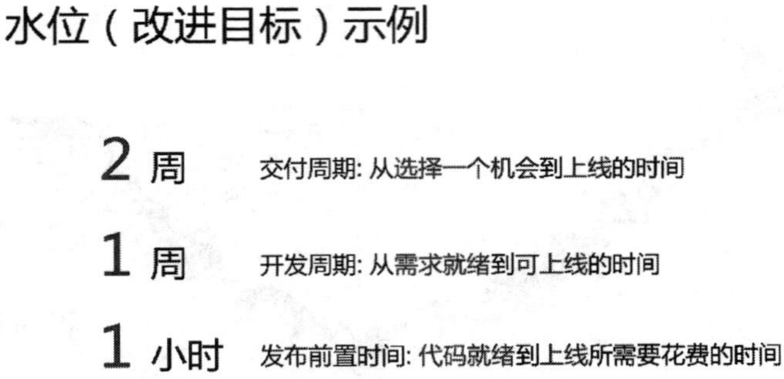

水位（改进目标）示例
2 周
交付周期：从选择一个机会到上线的时间
1 周
开发周期：从需求就绪到可上线的时间
1 小时
发布前置时间：代码就绪到上线所需要花费的时间

图8-6　改进目标示例

211指两周交付周期，一周开发周期，一小时上线。这一切都依赖于强大的自动化体系，准确的产品规划及实现能力。在谈研发效能或者数字化转型时，自身交付能力的数字化管理是很重要的一项能力。

交付周期从看板角度来讲涉及响应周期、交付周期和开发周期，如图8-7所示。

响应周期、交付周期和开发周期
响应周期
交付周期
已接受
已选择
分析中
就绪
开发中
待测试
验收中
待发布
已发布
开发周期

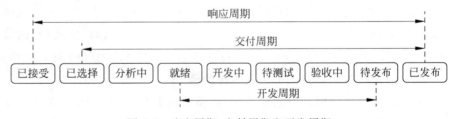

图8-7　响应周期、交付周期和开发周期

响应周期又叫客户响应周期，客户提出了需求，PO团队决定是否接受。如果决定要实现这个需求，则从这个时间到交付给用户达标的这段时间称为客户响应周期。

交付周期指整个需求进入排期后从分析到发布的周期。开发周期指具体开发实现的周期。

举个例子，当我进入餐厅坐在椅子上时，会想为什么没有服务员过来？等有服务员过来给菜单的时候，其实是在告诉我可以点菜了，进入了一个已接受的状态，然后我点了菜，

服务员确认了菜单,这个时候进入了需求交付周期,服务员会把菜单传递给后厨,后厨的厨师根据菜单准备好相关的食材并开始制作菜品。

当我点完菜后就进入了交付周期,真正做菜的周期是开发周期。对于用户来讲,进入饭店后开始等待服务就进入了响应周期;交付周期是在确定菜单后,从点菜到上菜所需要的周期;开发周期是后厨做菜的周期。

8.2　卡片延伸

做好前面讲到的看板管理后,普通的卡片属性已经不够用了,这时需要扩展延申卡片属性,来更精细地管理分类价值。

8.2.1　卡片的基本属性

基本卡片中包含的信息比较少,编号、时间、交付人、基本描述等信息是不够的,如图 8-8 所示。需要开始慢慢增加内容,但增加属性会面临一个问题,看板本来是为了简单管理,属性做得越来越多后会发现问题太复杂了,浪费了大量时间在填写属性上,又回到了传统的文案管理,所以需要根据情况来平衡。

图 8-8　卡片的基本属性

做得越多越麻烦,随着卡片属性的逐渐上升,复杂度也上升了,这时就要考虑从物理看板转换成电子看板。

8.2.2　截止日期和工作项大小

推荐新增属性截止日期，如图 8-9 所示。价值是有时效性的，如果在交付看板中无法意识到某些价值的有效期，则会因为排期问题导致错过，而对应的工作项大小，即估算的任务规模，可以帮助更好地在截止时间前完成交付。

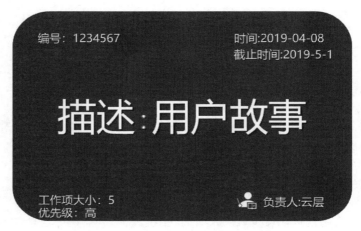

图 8-9　截止日期和工作项大小

8.2.3　阻塞项或任务

前面章节提到过，如果卡片遇到了阻塞怎么办，可以通过在上面附加小的状态便签来强调，如图 8-10 所示。

图 8-10　阻塞项或任务

如果测试未通过,则用红色标签强调;如果卡片还有其他依赖任务项(Task)或子任务(Sub Task),则可以使用标签展开。

很多时候一张卡片上包含的子任务(开发任务、测试任务)有很多,所以为了让所有人知道这件事情所包含的前置或后置任务,需要在上面贴更多的标签。

8.2.4　心情标识

心情标识通常也会放在卡片上,如图 8-11 所示。

图 8-11　心情标识

现在行业内比较流行做心情用户故事地图,评估用户在使用软件的各个过程中是否有良好的体验,如何改善用户的体验。卡片上的心情标识可以用来表示用户的信息,也可以定义为当前正在处理这张卡片的人员的心情,便于大家了解这个任务的状态。

在移动卡片时可以记录每个过程的结束时间,便于后期分析及统计交付周期。

8.2.5　高级卡片

除了常见属性外,一般会在卡片的反面增加验收标准或者完成定义。这时再去看卡片会发现卡片做得太复杂了,如图 8-12 所示。

卡片越来越长会导致小卡片变成大卡片,在做物理看板时会投入过多的时间在维护上,成为阻碍交付速度提升的瓶颈。这时需要认真思考,是不是卡片所对应的需求和内容太多了,导致展开描述的代价很大,是否需要拆分卡片的内容。

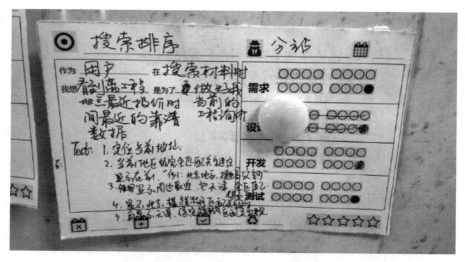

图 8-12　过度复杂的看板卡片

8.3　看板高级扩展

随着看板的熟练使用,内容逐渐增加,物理看板的缺点越发明显,电子看板的优势得到了发挥。电子看板可以快捷地填写大量内容,优秀的折叠可视化及任务通知关联,在内容众多的情况下可快速过滤,从而有效提高工作效率。

8.3.1　让光照亮关键所在

将物理看板迁移到电子看板后,可以清晰、直接地看到完整的交付状态,如图 8-13 所示。状态的定义、状态下的需求及需求的子任务,每个任务的状态都可以清晰地展示。

图 8-13　让光照亮关键所在

但是仅这样不够,还需要更加精细的管理。例如研发交付状态中有一个测试状态,里面包含测试需求及对应需求实现的 3 种子状态——测试执行、测试达标和发布测试。当看板上状态过多时,电子看板可以通过折叠的方式来简化状态,如图 8-14 所示。

图 8-14　电子卡片扩展

这里将"处理中"的状态展开,拆成了 4 种子状态。可以看成一个二维表格,有一个需求项,需求项下有 3 种子任务状态。

测试需求的阻塞是由测试人员请假导致的,该需求包含 3 个待处理的子任务,分别是环境管理、测试需求和本地中文汉化,而本地中文汉化是今天一定要完成的,这样去看电子看板会比以前更加直观。

8.3.2　围绕共同的目标

看板扩展后让参与整个项目的所有成员都能意识到自己对项目的影响及上下游所需要的支持,如图 8-15 所示。

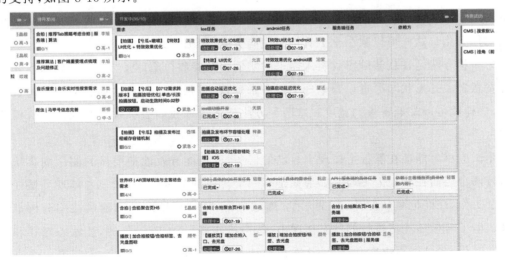

图 8-15　围绕共同的目标

将开发和测试任务都放入开发状态中,让每个任务的状态都包含待处理、处理中、测试中和已完成等多种状态,直到某个需求的所有子任务都变为完成状态,该需求卡片才会变为完成状态。

不同的电子看板展示的模式不同,这里罗列几个我常用的看板结构。

水平展开的长看板,如图 8-16 所示。在状态中植入测试状态,将开发和测试都作为实现需求的子任务项,确保需求的实现是基于团队共同规划的。很多时候在敏捷模式下,测试人员疲于加班也是因为没有做到测试左移与研发并行或者需求端的测试设计。

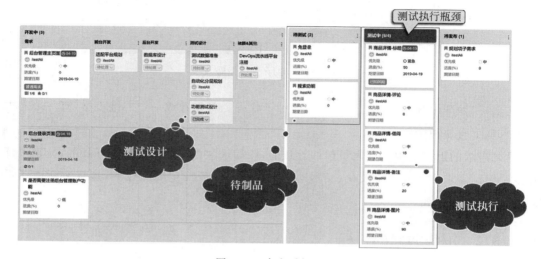

图 8-16　参考看板(1)

图 8-16 所示的看板划分了过多的测试状态,导致看板的宽度很长。一种方法是将子任务里的过程按照顺序构建,例如从待处理到后端实现,在从测试到完成,将它变成一种状态测试的任务化。这样可以减小整个看板的横向宽度,如图 8-17 所示。

另一种方法是在就绪阶段就引入需求的实例化及验收(DOD),当都达到要求后才能进入开发状态。开发状态通过设置单一子任务来管理,每张子任务卡片都有完整的流程任务状态,这样就可以降低看板的宽度。这两种方法都能帮助我们去有效地实现对于价值管理的展示。

测试应尽可能地在看板上体现出自己的任务,尽可能有效地把要做的测试内容从设计和执行两个层面在看板上展现。如果只是写一个简单的测试任务,则很难体现测试任务中的复杂工作,最好把测试设计、测试开发、测试执行、测试环境准备和测试缺陷分析都体现出来。电子看板还能把执行的状态体现出来,与流水线(Pipeline)打通,让状态迁移和流水线触发同步,并且回写进度和结果,让看板拖动不仅是一个可视的效果,而且是一个真的触

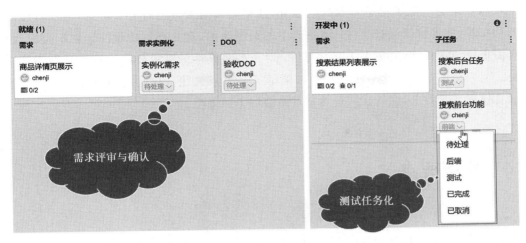

图 8-17　参考看板（2）

发状态，从而实现统一管理。

8.3.3　看板与每日站会

为了更好地拉通信息，一般会通过集体开会的形式来讨论，称为每日站会。

在每日站会中围绕整个看板从右往左检视，如图 8-18 所示，越靠右边离价值越近，也就意味着尽快地把它交付就能帮助用户创造价值。

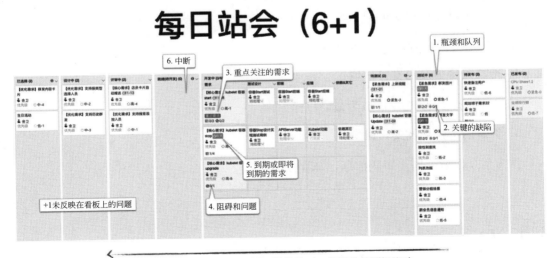

每日站会：从右向左检视，体现价值拉动，促进价值顺畅流动

图 8-18　每日站会

在每日站会上除了讨论基本的问题外,还要集体对看板进行分析讨论,专注看板上的队列和瓶颈,促进价值流畅交付;注意其中的关键缺陷,避免交付质量问题影响交付效果;重点需求要经常评估,避免无法准时交付;对于即将到期的需求要确认是否延期还是立刻解决。阻碍交付的问题及中断导致的影响都需要重点关注。除此之外还要讨论有哪些问题没有体现在看板上,这就是阿里的每日站会(6+1)策略。

8.4　看板要点

使用看板并不难,可视化过程需要承诺、专注、开放、尊重、勇气,愿意从价值的端到端在看板上形成沟通的渠道,这有很高的要求。

看板主要给我们带来了 5 个关键点。

1. 明确的阶段及准入准则

划分阶段,理清责任目标;规范准则,确保质量内建。

2. 每个阶段的任务数量,控制在制品小于或等于 4

提高流动速度,平衡资源效率和流动效率,管理价值。

3. 交付周期中的各个时间长度

量化统计交付能力,构建度量优化精益思想。

4. 待交付价值及已交付价值

区分价值状态,以交付价值为最高目标。

5. 信息的可视化及变化通知

作为信息发射源同步团队信息,降低沟通成本。

8.5　小结

到这里关于看板就基本介绍完了,注意使用看板的几个步骤即可快速上手。

（1）把工作拆分成小块，一张卡片写一件任务，再把卡片放到墙上。

（2）每列起一个名字，显示每件任务在流程中处于什么位置。

（3）限制在制品（Work In Progress，WIP），明确限制流程中每种状态上最多同时进行的任务数。

（4）度量生产周期（完成一件任务的平均时间，又称循环周期），对流程进行调优，尽可能缩短生产周期，并使其可预测。

关于看板的更多内容，推荐读者看《看板实战》和《用户故事地图》这两本书。

8.6　本章问题

（1）当前公司的交付节奏哪些可以做到（响应、交付、研发周期）？

（2）当前公司的卡片哪些信息是可以加强的？

（3）当前公司的电子看板是什么，在使用中有哪些问题？

第 9 章

Scrum 管理体系

7min

通常大家接触最多的敏捷实践框架是 Scrum,但云层觉得初期需要先理解 Scrum 到底做了什么事情来解决问题,因为最佳实践都是别人的团队得出来的,而我们要找的是最适合自己团队的实践。

9.1　敏捷框架

做敏捷需要一个规范的流程让团队知道在每个阶段应该做什么,避免大家认知不到位。普遍的做法是先进入看板体系,在无入侵的情况下,把交付过程可视化,然后找浪费,最后优化每个阶段的浪费。

交付流程是固定的,只要知道一个价值的流动是怎样实现的,在固定的时间内让它流动起来,尽量快地流动起来,就可以提升交付能力,这是最常见的优化做法。

很多团队喜欢用看板是因为没有入侵性,看板不会对当前的关系人产生冲击。例如你现在是团队领导(Team Leader,TL),会想用了敏捷后团队都扁平化管理了,扁平化后不需要自己了怎么办?你会担心做了这件事情后,就被淘汰了。所以会希望不要去实施类似于 Scrum 之类的体系,还是稳固当前的工作习惯,甚至于在工作中有所谓的门槛,最好需要你确认签字后再执行下一步。在传统流程中责任人在你,虽然麻烦但是能有存在的价值感。在敏捷团队中责任却是整个团队一起承担的,个人价值被均摊了。

这时的你不希望出现类似于 Scrum 的框架将现在的局面打破,希望能保留住自己,这种角色叫作既得利益获得者。即现在已经知道一件事情我是既得利益获得者,需要先保护自己。保护自己是短期视角还是长期视角呢?如果我知道了未来会怎样变化,那么应该先革自己的命,这样以后有人想来革我命也没有机会了,又回到了跳出舒适区的理念。

所以在整个过程中,关注看板中的流程总会进行到你这个阶段,而你要做的是加速交付,减少在你这儿停留的过程继续往下流动,不要让自己成为瓶颈,要让自己去做更有价值的事情。

Scrum 管理体系和看板的差异化还是很大的,所以大家需要重点关注以下 3 个问题。

(1) 敏捷与 Scrum 体系框架的相互关系。

(2) Scrum 管理体系到底是怎样实施的。

(3) 如果在公司做敏捷项目管理体系,应如何落地。

这里先解释项目管理体系,敏捷项目管理体系有两个层面,一个是需求域管理模式,即怎么去管理用户价值;另一个是研发域管理模式。在 DevOps 中这两个层面是统一的,但在实际情况中大多数初期转型团队很难解决业务和技术之间的部门墙。

9.1.1　常见框架

当团队落地敏捷的时候会涉及很多分支,例如框架中最大的软件统一过程(RUP)、极限编程(XP)、Scrum、看板或者瀑布流程等,如图 9-1 所示。这些分支都会在实施过程中产生区别,在极限编程和软件统一过程中其实还有别的框架,例如规模化敏捷框架(Scaled Agile Framework,SAFe)或大规模敏捷 Scrum(Large Scale Scrum,LeSS),这些都是常见的框架。不同框架有不同的侧重点,不同的公司也会基于环境选择对应的应用模式,例如 RUP 偏规范,而看板偏适应,所以其中的最佳实践项也会少很多。

记得有学员问过,在工作中每天早上大家都会聚在一起讲一下进度,但是他不知道为什么要这样做? 其实这是在做敏捷中的每日站会(Daily Meeting),然后他一听就觉得做这个很好,高端、大气、上档次。

框架、名词、关键字是拉通人和人之间认知的快速手段,例如了解 Spring、AOP、Swagger、RestFul 等名词,在和开发人员一起讨论问题或方案时能更容易统一认知。SAFe、LeSS、XP、Scrum 和看板之类的框架,其实就和 Selenium、JMeter、Request 之类的专业名词一样,都属于框架的一种,而这也是我们希望达到的目标,快速交付高质量有用价值,在实施过程中需要使用各种框架来解决问题。

9.1.2　LeSS

LeSS 由克雷格 · 拉曼(Craig Larman)和巴斯 · 沃德(Bas Vodde)在 2013 年共同设计,框架基于 Scrum 进行扩展,通过大量的实践经验,糅合精益思想沉淀而成,支持企业以敏捷的方式进行大型产品研发,是一个轻量级的规模化敏捷框架。LeSS 不是新的和改进的 Scrum。相反,LeSS 旨在尽可能简单地弄清楚如何在大规模环境中应用 Scrum 的原理、规则、元素和目的。

产品负责人(Product Owner,PO)为多个团队根据组件或者特性规划迭代交付目标,构

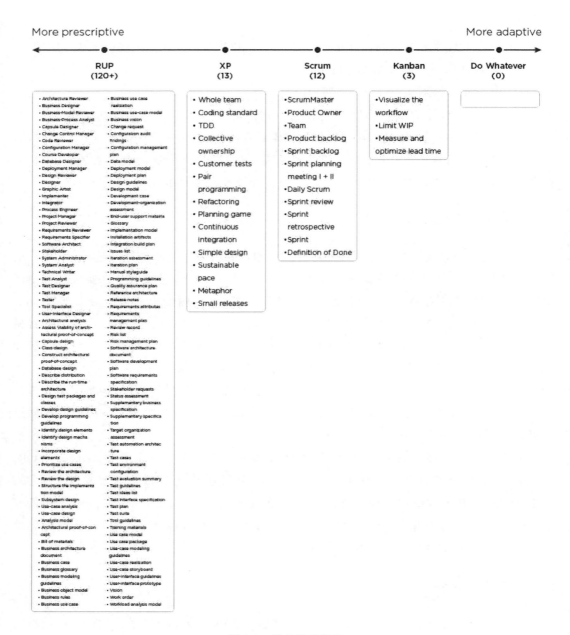

图 9-1　常见敏捷框架

建以整体 MVP 为基础的多团队协作模式,如图 9-2 所示。

随着团队的扩大(超过 8 个人的团队)会采用 LeSS Huge 框架,添加领域产品负责人 (Area Product Owner,APO)角色来帮助 PO 划分团队交付范围。

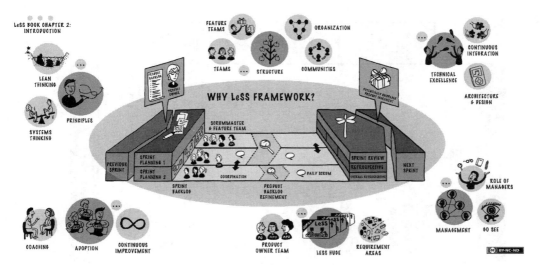

图 9-2　大规模敏捷 Scrum

9.1.3　SAFe

SAFe 的设计和主要方法论在 2011 年由迪恩·莱芬威尔（Dean Leffingwell）主导，是另一个流行的规模化敏捷框架，其特点是将敏捷实践在企业中分层而治，从团队级（Team Level）到项目群级（Program Level）乃至投资组合级（Portfolio Level），糅合精益敏捷知识体系，如图 9-3 所示。

SAFe 中有个叫版本火车（Agile Release Train，ART）的理念，把软件交付的过程比喻成一列行进的火车，在不同的站点会挂上对应的车厢，每节车厢代表一个团队的交付物，当火车到达终点时，本次需要运输的所有交付物都正确到达，用户获得了所有的价值。

SAFe 是一个相对来讲大很多的框架，传统公司更喜欢这样的强管理模式，其中的 PI（Program Increment）Plan 是与别的框架最大的区别，SAFe 通过它来集中规划本列火车各个车厢的交付时间及顺序。

9.1.4　敏捷相关认证

与测试行业恰恰相反，敏捷相关的认证非常多，这也许是文科和理科最大的区别。获取证书来强化对敏捷的认知是一个非常好的手段，因为认真备考的过程可以让你更加专注学习。

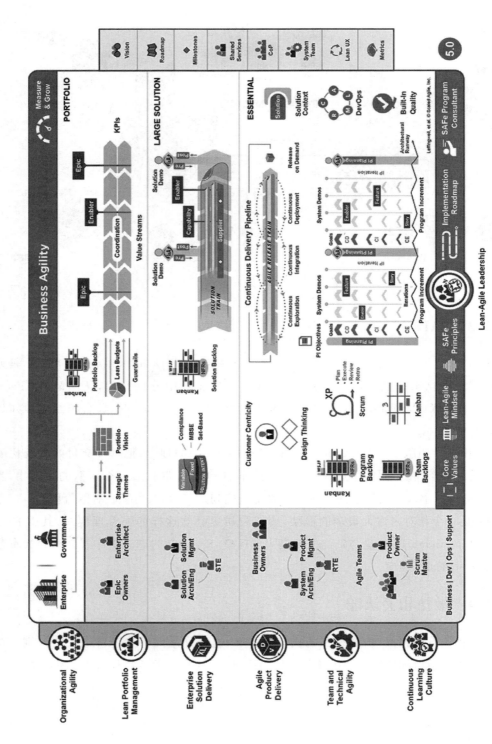

图 9-3　规模化敏捷框架（SAFe）

从广度入门来讲,敏捷管理专业人士(Agile Certified Practitioner,ACP)是个不错的选择。首先,PMI 的考试和培训比较规范;其次,ACP 的知识面比较全面,覆盖用户故事、Scrum 敏捷实践及文化。

如果想对 Scrum 体系有进一步深入的理解,可以考虑 CSM(Certified Scrum Master)、ASM(Agile Scrum Master)或 RSM(Registered Scrum Master)体系。

到这里是不是发现绝大多数主流的框架包含了 Scrum 体系,接下来展开介绍什么是Scrum。

9.2　敏捷与 Scrum

Scrum 一词源于英式橄榄球运动,指双方球员对阵争球。双方前锋肩靠肩站成一横排,面对面躬身,肩膀互相抵在一起,形成一个通道。犯规队的球员低手将球抛入通道,此时通道两边的球员互相抗挤,争取将球踢给本方前锋。

设计多次冲刺(Sprint)实现将球从 A 点移动到 B 点获胜的目标,团队的所有人都在为了取得比赛的胜利而共同努力。

这里需要注意的是敏捷不是一个流程或一种方法,敏捷不是 Scrum! 敏捷是一个概念!

9.2.1　Scrum 的定义

Scrum 是迭代式增量软件开发过程,通常用于敏捷软件开发,包括一系列实践和预定义角色的过程骨架。

Scrum 中的主要角色包括与项目经理类似的主管角色(Scrum Master),负责维护过程和任务,产品负责人(PO)代表利益所有者,开发团队包括所有开发人员。

虽然 Scrum 是为管理软件开发项目而开发的,但同样可以用于软件维护团队,或者作为计划管理方法:Scrum of Scrums。

9.2.2　鸡和猪的故事

Scrum 严格区分这两类人:对承担项目的人赋予权力,使其完成必要工作,确保项目成功;无责任人员无权对项目施加不必要的干涉。

这两类人在 Scrum 中被形象地称为"猪"和"鸡",如图 9-4 所示。

图 9-4　鸡和猪的故事

　　一只鸡和一头猪在路上走,鸡对猪说:"你想不想和我一起开家餐馆?"猪想了想,答到:"好的,我很乐意。你想为餐馆起个什么名字呢?"鸡回答道:"火腿和蛋!"猪停下脚步,犹豫了一下,说:"三思过后,我决定不和你开这家餐馆了。因为我得全身心付出,而你仅仅是牵涉入内。"

　　在 Scrum 方法中,上述区分很重要,它关系到 Scrum 的全面可见性原则。必须时刻区分责任人和出主意的人。

　　在敏捷项目的运作中,Scrum Master 需要控制 Scrum 流程,努力保护团队不受外部干扰。如果项目中伸手过界的"鸡"太多(项目的高层领导、与项目相关的各种利益攸关的人等),则项目将很难走向成功。这个故事非常经典,反映了变革中所遇到的不同角色付出代价的区别,相关干系人所负的责任或付出的代价是不一样的。猪腿切一块少一块,一般称为直接干系人,跟这件事情是直接相关的,而鸡属于相关干系人,鸡蛋跟它有一点关系但关系不是很大。这导致直接干系人拼命出力,相关干系人在旁边围观,甚至会出现成不成功对他来讲无所谓的情况。

　　这也是为什么研发对于交付的定义往往是实现功能,而缺陷是维护工作,导致改需求的优先级总比改缺陷的优先级高,毕竟功能实现不了是我的责任,但是有缺陷是可以有人帮忙发现的,发现了就改,没发现就不改。

　　一般作为"猪"的人员有以下 3 类。

　　(1) 当前参加项目的成员。有可能是开发人员(开发、测试、运维等),也有可能是美工或者产品经理。正是他们组成了整个团队的核心。

　　(2) Scrum Master。Scrum Master 可能是这个团队的成员,也有可能不是。将这个角色挑出来讨论是非常重要的,因为承担这个角色的人在 Scrum Meeting 的过程中要起到非常重要的作用,他需要让整个 Scrum Meeting 不受影响并且高效进行。

（3）项目所有人。项目所有人可能是产品经理，也可能是参与整个项目的某个成员，也可能不是。同样，我们将这个角色从项目中挑选出来也是非常重要的，因为这个人代表了最终用户的声音。

一般作为"鸡"的人员有以下两类。

（1）职能经理。第一眼看上去，你可能会很自然地认为经理是属于"猪"这个分类的，但实际上，在 Scrum Meeting 中，职能经理通常更加关心有哪些人参加了这个项目，以及参加这些项目的人的个人情况。他们往往没有将注意力聚焦在项目本身上，即便有一些意见或者想法，也可能受到某些特定用户的目标导向，并不能真正地全身心投身于这个项目中。基于上述原因，在 Scrum Meeting 中，我们将其归为"鸡"这一类。

（2）利益相关者。利益相关者会从这个项目中获益，或者是这个项目最终成果的既得利益者，但是，请不要想当然地认为他们就有影响项目方向或者最终产品的权利。这些利益相关者可以提供意见或者对未来的建议，但是决定产品开发过程的最终权利在产品所有者的手中。

9.2.3　团队规模

Scrum 体系推荐使用两个比萨的规模建议，通过小团队实现高度自治，两个比萨规模在标准认证体系中表示为 7 ± 2，也就是 5～9 人为最佳。最新的敏捷推荐指南中提到团队大小应该在 10 人以内，这也是通常一个小的敏捷团队中只有 1 个测试的原因，行业中的开发与测试的比例一般为 6∶1 或 10∶1。

这说明团队规模要小，小团队之间的沟通成本相对较低，团队大了之后整个沟通成本反而会有呈指数级上涨的趋势。

如果需要解决的项目规模由一个 Scrum 团队无法解决，可以使用 Scrum on Scrums 这种多个 Scrum 团队协作来解决，更大的项目可以选择使用 LeSS 甚至 SAFe 框架，但是随着框架的扩大，本身可能就不够"敏捷"了。

9.2.4　敏捷团队的办公环境

对于敏捷来讲，很重要的一件事情就是文化和办公环境，敏捷的办公环境有几个核心的关键点。

（1）提供开放式的办公环境，培养安全感，让每个人都专注于自己的工作，如图 9-5 所示。

（2）提供足够的可视化区域及配套资源，随时随地可以展开讨论及了解相关信息，如图 9-6 所示。

图 9-5　开放的办公环境

图 9-6　可视化区域

　　放弃传统的层级关系,弱化监督控制理念,让团队成员放松地工作,这也是 Scrum Master 要做的事情,保护团队不被没有必要的因素影响。

9.2.5　敏捷团队的软技能

软技能是敏捷中非常重要的基础，也是相关考试常考的内容，如图 9-7 所示。

在小型团队中强调全球化和多元化，引入尽可能多的不同角色，让整个团队的能力更加具备特点，这样的团队对组员的包容、引导及倾听，甚至解决冲突也提出了更高的要求。正是因为这种不解决提出问题人的思维，从而预防及从更高角度解决了很多原本不能解决的问题。

构建虚拟项目，类似"黑客马拉松"，可以让不同团队的不同角色参与体验，构建团队凝聚力。

测试这种去找问题的角色，对软技能要求较高，对敏捷文化的融入度也会要求较高。

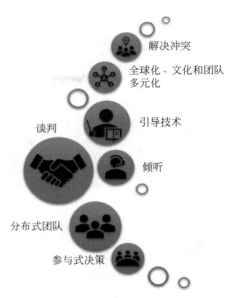

图 9-7　敏捷团队的软技能

9.3　Scrum 体系

Scrum 体系可以通过 3355 这样一个简单的数字来总结，即 3 个角色（Roles）、3 个工件（Artifacts）、5 个事件（Events）和 5 个价值观（Values），如图 9-8 所示。

对应的整体流程如图 9-9 所示。

迭代计划（Sprint Planning）会议将产品代办列表（Product Backlog）过滤为迭代代办列表（Sprint Backlog），在冲刺（Sprint）中由 Scrum 团队完成，期间通过每日站会（Daily Scrum）同步进度及问题，在完成评审（Sprint Review）会议后提交最终增量交付（Increment），然后通过总结回顾（Scrum Retrospective）会议进行本次交付总结，从而回到开始准备下一次迭代交付，这就是一个完整的 Scrum 流程。

正是因为 Scrum 足够简单，才让它成为现在主流的敏捷实践框架。接下来对 Scrum 的体系流程做一个简介。

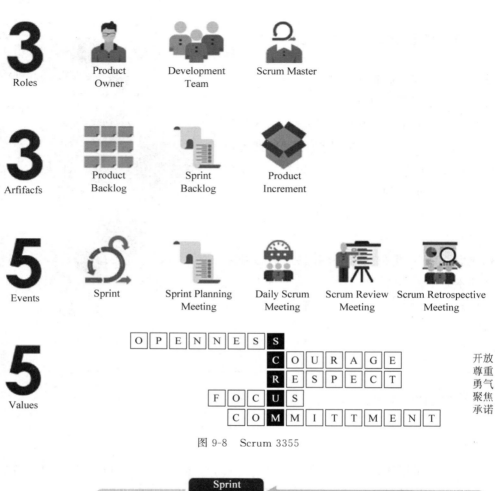

图 9-8　Scrum 3355

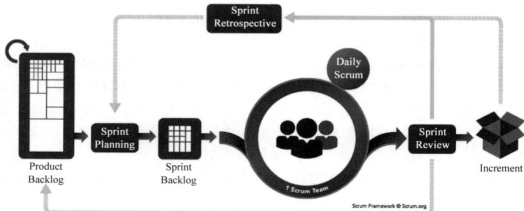

图 9-9　Scrum 流程

9.3.1　3 个角色

Scrum 的 3 个角色分别是产品负责人（Product Owner，PO）、Scrum 大师（Scrum Master，SM）和开发团队（Development Team，DT）。

1. Product Owner（PO）

PO 可以说是价值交付最关键的角色，原因有以下几点。

（1）利益相关方的代表，负责产品和团队的价值最大化。

（2）负责创建和维护产品需求。

（3）为代办列表条目排序。

（4）消除代办列表中的疑惑。

（5）决定产品发布的内容及日期。

（6）对产品的投入和产出负责。

在很多团队中 PO 被认作客户需求的传话筒，然而从客户的众多需求中合理规划出 MVP 是非常困难的。就和测试人员找 Bug 一样，说起来容易做起来难。

PO 最关键的任务是代表相关方的利益，负责产品和团队的价值最大化，所以要以最少的资源去换取最大的利益。一个好的 PO 需要创建和维护产品需求，使用用户故事地图管理整体，并且为需求排列优先级，与团队及客户共同澄清估算需求，把握每个条目的级别、大小和工作的价值，并确保价值被准确实现。

如果做过凤凰沙盘，就能清晰地感觉到 PO 在团队交付中的地位，整个团队完全是根据 PO 的排期和价值选择来做的。如果仅依赖于 PO 的经验，则会因为业务的专业复杂度无法按时完成，所以研发团队对 PO 最大的支持就是准确地提供需求交付的估算。守破离（Shu-Ha-Ri）是在有限资源和有限时间内最大化价值交付的关键，根据交付进度动态评估需要放弃的任务，尽可能保证每次 Sprint 中的交付成果。

测试人员需要帮助 PO 实例化需求、明确验收标准及完成定义，将质量作为交付的目标，是非常重要的。

2. Scrum Master（SM）

Scrum Master 是确保 Scrum 能够正确落地的过程导师，Agile Coach 是指导团队采用敏捷方法进行软件交付的教练，这里引入敏捷教练是因为单纯地使用 Scrum 并不足以解决问题。我很推荐大家逐渐成为测试教练（Test Coach），去帮助团队解决技术及管理上的问题，实现团队的敏捷化。

Scrum Master 和 Agile Coach 都是仆人式领导,培养团队自治。在工作中他们不会帮助你解决具体的问题,也不应该帮你解决具体的问题,他们是倾听者,帮助团队解决工作中的障碍或者给予方案引导及心理疏导,从而形成自治。

在转型敏捷的过程中有很多阻碍,开始转型的阵痛、交付能力的下降、团队能力及意识的培养都需要敏捷教练的引导。仅落地一个 Scrum 框架,并按照流程执行并没有那么复杂。在很多时候,敏捷教练背负着提升团队交付能力的重任,但团队对敏捷教练的不信任和不理解会起到相反的效果。

公司找敏捷教练的目的是希望他来帮助管理团队,让整个团队能够更好地工作。敏捷教练要做的第一件事情就是帮团队解绑,不要加班,开开心心地工作。老板是很难接受的,但出结果又要产生很多新的任务及工作方式,在不熟练的情况下反而会增加工作量,最后导致转型失败。

很多时候测试人员抱怨项目周期太短,先用手工测试,本来希望推进的自动化交付体系成为一个阻碍眼前工作效率的高级工具,明明可以用更高级的方法从本质上解决问题,最终却选择了自己熟悉的老办法,成为瓶颈并阻碍了团队的交付能力,所以作为研发团队中的一员,测试人员需要具备教练的意识及目标,协助团队共同转型敏捷,而不能成为转型中的执行者。

敏捷教练的伙伴测试教练需要做什么事情呢?

第一,帮助团队进行技术化革新。将自动化做起来,解放原来的手工测试,进一步推动测试驱动开发,用测试结果驱动开发验收。

第二,使用敏捷理念帮助测试团队敏捷化,为交付提供反馈支撑。

回顾过去的质量过程保证(Quality Assurance,QA)和质量控制(Quality Control,QC),从过程到执行环节,都可以通过戴明环(PDCA)进行迭代优化,敏捷教练需要在技术和管理上都达到一定的高度。

3. Development Team(DT)

在敏捷中,Development Team 包含了交付价值的完整技术团队,所以这里并不是单指开发人员,也包括了测试、运维、前台人员等。将团队的大小定义在 10 人以内,就能够做到跨职能、自我管理、共同承担和自我组织。

然而在实际情况中要到达到敏捷的要求很困难,大多数情况下大家都忙于眼前的问题,不具备跨技能栈及全局视角能力。例如常说的质量内建就要求团队所有成员具备基本的测试意识和对应的测试技术,当下的测试和开发职位也对测试人员具备一定的研发能力提出了要求,所以全栈化是必然的。

9.3.2　3 个工件

接着来介绍 Scrum 的 3 个工件,也就是阶段产物。

1. Product Backlog(PB)

产品代办列表(Product Backlog,PB)或者产品代办列表项(Product Backlog Item,PBI)是 Scrum 的基础工件。PB 存储了所有要交付的价值,并且这个列表是动态维护的,通过排序来确保最有价值的需求永远在这个列表的顶端。

如图 9-10 所示,首先将整个项目排一个大的列表来决定所要交付的内容,通过用户故事地图(User Story Mapping)可以更好地展开并划分多次迭代的内容范围;然后将每次迭代交付的内容根据优先级排列到 PBI 列表中。

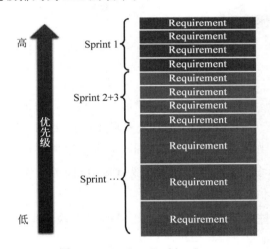

图 9-10　Product Backlog Item

迭代的规划不用考虑得太远,因为第二次迭代开始时可能已经因为时间的问题发生变化了。每次迭代的周期建议在一个时间盒(Time Box)内,例如两周,所以每个 Sprint 能包含多少东西是受团队速率(Velocity)影响的。

交付的迭代次数越多,每次交付的范围越小,估算的准确率越高,最终交付的误差也就越小,所以构建 Sprint Backlog 是非常有必要的。

2. Sprint Backlog

一旦团队共同确认了当前迭代要交付的 MVP,接着就要对这些进入 Sprint Backlog 的任务进行更加详细的拆分和排期,如图 9-11 所示。

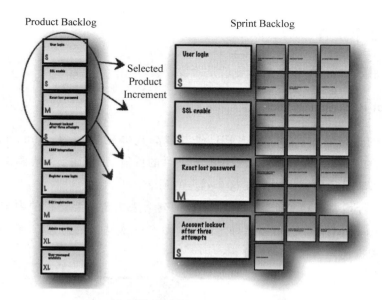

图 9-11　Sprint Backlog

例如客户要求三周交付,是做三周的一个交付还是做 3 个一周的交付? 尽可能做 3 个交付,因为每次交付的范围越小就意味着容错的空间越大。但实际上大多数客户讨厌多次交付的评估,最后做了一个三周的迭代,因为需求已经确定了,何必做适应型同步,做成传统的预测型简单多了。如果需求真的是不变的,那么使用传统预测的瀑布型来做确实比较快,但从团队内部来讲,多次迭代仍然比一次迭代要好,因为多次迭代可及时判断交付的进度,避免只有通过延期才能交付的价值。

每日构建、持续交付和小批量增量规划可及时发现软件研发中的问题,尽早解决在需求实现、技术架构中出现的偏差。往往通过每日构建,我们会感觉事情越来越多了,其实并不是事情多了,而是发现了这些事情要做而已。

新的团队可以通过构建 Sprint0 的方式,先对团队的能力进行评估。在这个交付中及时通过站会同步进度,磨合文化,尝试交付增量产品。

3. Product Increment

增量产品是由 Product Backlog 整体规划的,由 Sprint Backlog 实现,下一次的迭代内容应以上一次迭代为基础,而不是完全独立的内容,这个思想同 MVP 中先解决核心再逐步渐进明细是一样的。

测试需在项目早期的核心迭代中完成对核心业务的验证,后期版本的自动化回归依赖于核心业务的前期准备,增量部分为分支业务,这样质量保证也有了主次关系。

9.3.3　5 个事件

Scrum 中的 5 个事件贯穿了整个 Scrum 迭代的生命周期。

1. Sprint

迭代(Sprint)一般会设置时间盒(Time Box),时间盒指在规定的时间内要完成整个迭代,并且在这段时间内会有冷冻期(Froze Time),尽量不要改变 Sprint Backlog 确定的交付范围。

例如 Sprint 做了一半的时候客户觉得现在做的内容不太合适,应该停止这次 Sprint 还是继续把它做完? 从价值交付的角度来讲,放弃这次 Sprint 是正确选择,但是为了避免这种情况,在 Sprint 中不建议用户直接干预,如图 9-12 所示。

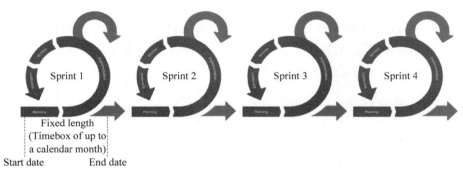

图 9-12　Sprint 迭代冲刺

2. Sprint Planning

Scrum 中第 2 个事件是迭代计划会议(Sprint Planning),会议从 Product Backlog 构建 Sprint Backlog,选择哪些内容,如何规划规模、周期、目标都是通过这个会议实现的。

计划会议有几个关键步骤:

第一,产品经理需要解释当前项目中优先级最高的内容,以及这次推荐发布的范围。

第二,整个团队需要去分解和说明完成任务需要做什么事情,然后团队成员认领自己的任务。这里强调团队成员各自认领的任务,而不是传统的命令式分配。最终所有的任务都要完成,团队需要有承担责任的文化。

第三,认领任务之后,责任人会估算完成这个任务所需要的时间。

第四,团队能够确认交付什么内容,有没有需要兼容的事项。

在国内当前的环境下,很少有团队能将计划会议(Planning Meeting)做得很好,主要原因有以下 3 点。

（1）目标不一致，想做的事情太多。例如最常见的就是研发人员总过分希望在技术层面把任务做得很好，而忽略了用户所需要的。最后计划会议变成了技术讨论及诉苦。

（2）需求太大，没有明确的 MVP。常常 PO 成为客户的传话筒，什么都要做，什么都重要，时间不增加。最后计划会议成为交付点罗列会，既然讨论没有用，还不如直接做。

（3）团队彼此不够信任对方。PO 希望能够实现用户需求，团队希望交付高质量软件，但是一旦出现认知误差导致的观点同步，很容易逐渐升级为能力上的不信任。对于一个功能的实现有简单的实现和复杂的实现，看起来都差不多，实际上的区别是很大的。那么如何解决团队信任的问题呢？提升个人的能力及认知是最有效的方法，这也是常说的人人皆产品，人人皆开发，人人皆测试，全栈化技能。

全栈并不是要求做到什么都精通，而是强调一专多能或者多专多能，能够做到换位思考及专业认知，逐步信任合作团队的态度及能力。

对于很多研发人员对测试人员的怀疑，为什么你们没发现 Bug，为什么测试要等那么久，用技术证明是最简单、有效的方法。当研发人员看到你所做工作的复杂性和技术性，自然而然质疑就会消失，团队的凝聚力和信任就有了。

3. Daily Scrum Meeting

每日站会是 Scrum 中一个非常优秀的实践，也是在大多数公司中形式化很好，但效果并不好的活动。每日站会推荐把时间控制在 15 分钟内，通过自组织的形式快速完成团队的信息同步。

推荐在站会上使用 3 个问题快速交流：昨天做了什么？今天准备做什么？有没有什么问题？如图 9-13 所示。

- 15分钟
- 3个问题
- 自组团队

图 9-13　Daily Scrum Meeting

站会最好是自组织，站会本来就是为了解决沟通同步问题，提升团队每个人的参与及暴露问题，任何一个成员都可以组织站会。

站会的时间最好不要超过 15 分钟，一般 Scrum 团队中最多有 9 个人，平均每个人只有不到 2 分钟的时间。时间短可以加强每个组员的归纳表达能力,时间越短语言越精练,问题越明确。在行业中有种控制时间的方法就是做平板支撑,团队能做多久,平板支撑会议就可以做多久。一旦会议时间长了,问题就会偏向具体解决方案,参与会议的大多数人没有必要参与其中,最后导致会议中很多人都在刷手机。

不是说有了站会平常就不用沟通了,站会是一种强制团队所有成员同步的手段,在看板前对任务梳理,能够让站会的效果更好。

4. Scrum Review Meeting

当团队在迭代中做到一定程度后,可能希望给用户展示一下,确认开发的这个功能是不是用户所需要的 Increment,或者客户也想知道现在的情况并想了解一下交付过程,这个时候就可以组织回顾会议。

回顾会议(Scrum Review Meeting)一般由团队内部发起,相关非干系人(例如客户)可以参与,但并不推荐客户提问或者表达建议。会议中主要对当前已完成的功能进行演示,评估当前交付的完成度及下一个迭代可能包含的功能。

非常推荐测试团队来完成对当前产品的演示工作,因为这是证明需求被有效完成可以交付的好机会,如图 9-14 所示。

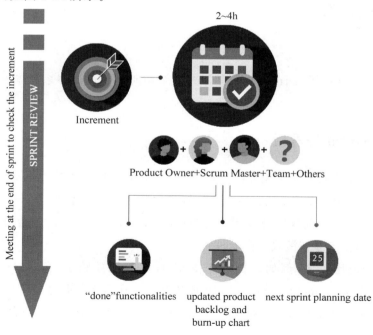

图 9-14　Scrum Review Meeting

在做产品演示的时候有一种方法叫作电梯演讲,强调能不能在坐电梯的 30s 内向客户介绍方案,这样可以不断提炼,确保最打动客户的功能能够被演示。测试可以快速演示核心流程功能,再围绕分支进行展开,从而构建一个场景分析,而不是功能使用说明。

5. Scrum Retrospective Meeting

迭代和迭代之间,通过回顾会议可以进行总结和优化。一般总结什么呢? 常见的有交付中遇到的问题;哪些是做得比较好的实践,可以在下一次迭代中加强的;哪些是做得不太成功的案例,以后要避免。

在大多数交付中,往往最后总结的是交付的质量,而质量是团队能力的输出结果,所以在回顾会议中多对问题产生的原因做分析,而不是变成问题的总结大会。

到这里对整个 Scrum 3355 做了一个简介,关于 5 个文化这里就不做展开讲解了,Scrum 是个非常轻的框架,大多数的实践是很容易做到的,但是形式到了不代表就敏捷了,而是要深刻理解为什么要做这些实践。DevOps 能更快地在企业落地的原因是它更加偏技术落地,比较容易照搬并且获得效果,而管理流程体系照着做了也未必有效。

9.4　项目模式

以上几节简单介绍了 Scrum 体系,接下来介绍如何将 Scrum 体系具体落地到自己公司的项目中。

9.4.1　Scrum 与看板

虽然 Scrum 是现在非常主流的敏捷模式,但并不是一开始就要按照这个体系来落地,反而看板模式作为无入侵的模式是一个更加轻量化且易上手的选择。

看板模式中没有明确规定开发周期,强调任务的流动跟踪,所以不会对当前团队的交付模式产生影响,传统瀑布模式一样适用。

Scrum 的规范比较多,例如 2 周一个 Sprint,过程任务锁定,角色(Product Owner、Scrum Master、Development Team)定义及任务细化。在看板中是通过限制在制品来提高交付速度的,而 Scrum 是团队自己规划定期解决问题的,这是看板和 Scrum 的区别,如图 9-15 所示。

看板和 Scrum 的区别很大,在很多时候推荐刚开始转型的公司先落实看板模式,它不

Scrum	看板
要求定时迭代，例如2周一个Sprint，一个月一次Release	持续集成，没有规定开发周期。也可以根据任务决定发布时间。例如，完成某个重要功能后，做Release
在一个Sprint开始后，不可以更改或者添加任务	可以在任何时候更改和添加任务
规定了角色(Product Owner、Scrum Master、Development Team)	没有指定角色
以Velocity(速度)作为开发过程改进的衡量数据	Cycle Time
没有限定Task数目	每个阶段限定了Task的数目
每个Task细化，以保证每个Sprint可以完成	没有规定需要细化Task

图 9-15　Scrum vs. 看板

具备任何入侵性，一开始不会明显地降低当前的交付能力。而使用 Scrum 会对所有参与者有一定的要求和改变，容易导致初期的混乱，但是 Scrum 在监控和推动力上更加明显，转型速度更快。

看板的优劣势这里简单做个总结，如图 9-16 所示。

看板的优势：

- 改善资源分配：由于WIP限制，新工作只有在资源可用的情况下被拉入开发进程
- 简化项目管理：提供了极佳的可视化功能，简化了项目管理流程
- 减少打扰：需求变更不会影响太大，因为我们一直处于处理和改进流程中
- 更好地决策：工作流可视化有助于方便地了解工作处理流程，在变动时做决策更加容易

看板的劣势：

- 必须是正确的：必须实时更新，不更新的看板会出现重大的问题
- 依赖团队成员的实时更新：如果没有每日站会的实践，实时更新会很难
- 维护稍显复杂：太多东西在看板上的时候，可能会引发混乱
- 缺少截止日期：没有开发截止时间，团队会落后于预期

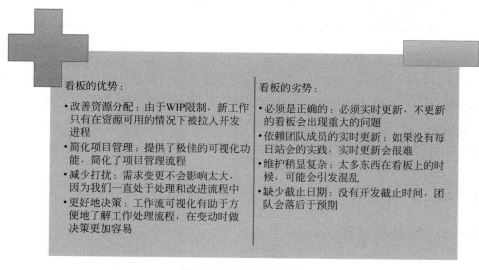

图 9-16　看板的优劣势

在转型的过程中使用哪种模式是根据团队自己的能力来选择的，自制力强的团队更适合自由的模式，这也是为什么在大型企业可能会选择像 SAFe 这样的强框架，限制多但也隔离了很多问题。在 Scrum 中也有 ScrumBan 的实践，结合了 Scrum 和看板的优点。

9.4.2 ScrumBan

Scrum 体系为了更加直观地管理冲刺流程，结合看板诞生了 ScrumBan。在 ScrumBan 上使用可视化模式管理冲刺任务及当前项目的进度，如图 9-17 所示。

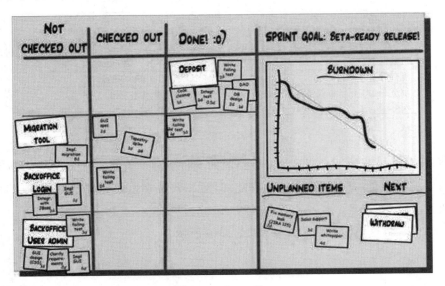

图 9-17　ScrumBan

Not Checked Out、Checked Out 和 Done 可对迭代中的任务进度进行跟踪，配合燃尽图（Burndown Chart）来统计进度完成。燃尽图可以直观地反映当前迭代的速度与预期的速度是否有偏差，以及过程中是否有什么问题，第 11 章会更加具体地介绍。ScrumBan 还罗列了未作计划的零时任务及下一次迭代中需要考虑的任务，帮助团队了解当前冲刺的情况。

推荐阅读《看板和 Scrum 相得益彰》一书来更加深入地学习相关内容。

9.4.3 用看板管理 Scrum

在当下，要把业务域和技术域拉通还是很困难的，更多的时候会选择用看板来管理交付过程，而淡化过程的 Scrum 特征，如图 9-18 所示。

产品看板及迭代看板完成了对整个交付的跟踪，其中还选择使用了 Scrum 的各种实践。大多数企业会选择这种模式进行管理，以看板形式展开任务，以 Scrum 流程为基础，在交付域引入持续集成和持续交付来加速研发过程，最终实现项目管理体系。

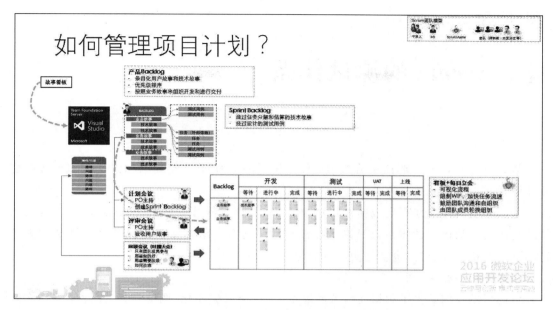

图 9-18　用看板管理 Scrum

9.5　小结

Scrum 是一个基本的敏捷框架，大多数框架采用了 Scrum 的体系，所以当要做敏捷测试的时候很难脱离 Scrum 的基本流程架构。

9.6　本章问题

结合公司对 Scrum 使用中存在的问题进行思考：

（1）当前公司落地 Scrum 的困难点是什么？

（2）DevTeam 中的测试应该参加哪些 Scrum 活动？

（3）当下自己在软技能上还存在哪些问题？

第 10 章

基于 Scrum 的测试体系

7min

第 9 章对 Scrum 及当前主流的敏捷体系做了一个简介,本章介绍如何基于 Scrum 构建测试体系。

Scrum 测试体系并不是敏捷测试的全部,只能算是敏捷测试的一种实践方式。同样,持续测试及自动化测试体系也只是敏捷测试的一部分。敏捷测试应该从使用敏捷方式进行测试这个角度来定义,也就是测试敏捷化。

回到最初的源头,到底什么是敏捷?

敏捷帮助我们减少了犯错而导致的浪费,更快地适应变化、调整目标,消除了不切实际的计划;把如何与用户共同成功交付价值放在了首位,找到了面对稳态和敏态的双态切分模式。要做真正的敏捷测试,就需要从前面的懂敏捷(Know Agile)开始转变为真敏捷(Be Agile),让做事的方式开始敏捷化。

例如对于职业规划,不能简单地做未来 3 年的技能规划,花 3 年时间去全面掌握一项技能,这种基于预测型的学习很容易因为技术的淘汰而导致无效。如果重新回顾过去几年的学习,大家一定会发现自己很努力但是效果并不好,而去一家新公司,开始几个月的收获和进步总是最大的。这是因为新公司面临的问题明确,但自己学习目标比较模糊而且驱动力不够。这也是我们从传统测试切换到敏捷测试时所遇到的问题,从明确验证到模糊定义。

既然敏捷在帮助我们降低犯错成本,那么敏捷测试同样也会带来这样的目标——如何以尽可能低的成本来适度提高质量。在不同公司的不同阶段中,敏捷所扮演的角色不同,同样敏捷测试也是,切莫直接硬套。

10.1　敏捷测试是什么

敏捷测试是一套遵循敏捷软件开发原则的软件测试实践。敏捷开发将测试集成到开发过程中,而不是将其作为单独的阶段,因此,测试是核心软件开发的一个组成部分,积极参与软件开发过程。

与之配对的还有一份类似于敏捷宣言的敏捷测试宣言：

测试是一个活动　胜于　测试是一个阶段

预防缺陷　胜于　发现缺陷

做测试者　胜于　做检查者

帮助构建最好的系统　胜于　破坏系统

团队为质量负责　胜于　测试为质量负责

从这个宣言中可以看到敏捷测试强调主动、全程的目标，帮助团队提升交付质量的能力，而不是简单地作为一个过程卡口，进行检查校验。

在敏捷测试宣言中提到了 5 点内容，这里分别做一下解析。

1．测试是一个活动

传统测试更多的是在上线前进行测试，这样会导致发现问题和解决问题的阶段偏后期，很难提供充足的测试时间，要么延期交付，要么放弃一定的质量标准。在敏捷测试中强调测试过程和研发过程并行，包含前置的需求校验、研发结对和测试驱动开发等，通过扩大范围及同步跟踪，尽早地发现并解决问题，即测试的左移和右移。

2．预防缺陷

问题是永远发现不完的，整理常见问题，预防缺陷的发生成为新的目标。

在精益体系中通过设计"防呆"来预防问题及缺陷的产生。为什么每种药的颜色、形状、大小都有很大的区别，这就是一种"防呆"的设计，避免患者和医生在用药时由于药的外形太过于接近而导致失误。在软件开发中，当遇到缺陷产生时应该分析导致问题的原因，制订对应的流程或者策略预防在开发过程中由于疏漏或遗忘而发生的问题。例如接口之间的契约、提交代码时的检查卡口等。

3．做测试者

最近几年测试技术，尤其是自动化技术的快速发展，对测试人员的编程要求快速提升，自动化用例成为工作的重心，但这个工作仍然是检查工作的一种效率提升，其本身并没有直接产生质量的提升。

使用人工智能及大数据可以提升测试的设计能力，精准测试代码覆盖率管理可以评估测试设计的效果，如何更加有效地测试才是一个测试者应该具备的能力。

4．帮助构建最好的系统

在大多数测试的 KPI 考核中，发现问题的个数一般是最主要的指标，而仅仅发现问题并解决问题就能解决质量问题吗？显然是不行的。通过设计发现问题，通过分析问题预防问题，逐步提升系统的交付质量和能力，这是我们常说的从一个测试人员到质量保证人员所要改变的视角。

5. 团队为质量负责

质量主要由写代码的人来保障，如果希望构建最好的系统，仅仅依赖测试团队是无法实现的。基于团队的质量内建是必备条件，测试团队应该帮助整个团队提升质量意识及赋能发现、预防问题的能力。

任何工作都需要从做好本职工作扩展到上下游及整体思维，敏捷测试宣言做了一个很好的归纳总结。

测试技术是很重要的一环，但并不是仅提升测试技术就能解决问题，第 2 章提到的道、法、术、器就在表述这个问题。现在很多测试人员去学 Selenium、JMeter 这类工具，希望做 UI 自动化、性能、安全等测开工作，但这只是在学习使用工具，类似于地铁站安检员说："请将包放入安检仪器。"通过仪器查看包内是否有禁止携带的物品，你需要做一个真正的测试人员而不是检查人员，这才是测试能力的核心。进一步，测试人员需要构建跨栈的技术能力，懂产品、懂运维、懂开发，实现测试的左移和右移，具备端到端的价值保障能力，与团队共同进步，交付高质量用户价值。

传统测试与敏捷测试的区别如表 10-1 所示。

表 10-1　传统测试与敏捷测试的区别

传 统 测 试	敏 捷 测 试
(1) 测试发生在最后阶段	(1) 测试发生在每个间隔的 Sprint 里
(2) 团队之间需要交互时通常采用正式沟通的方式	(2) 团队之间需要交互时沟通时不总是采用正式沟通的方式
(3) 自动化测试是可选项	(3) 自动化测试被高度推荐
(4) 从需求的角度测试	(4) 从客户的角度测试
(5) 详细的测试计划	(5) 精益的测试计划
(6) 计划是一次性活动	(6) 不同级别的计划： • 开始阶段初始的计划 • 后续 Sprint 中 Just In Time 的计划
(7) 项目经理为团队做计划	(7) 团队被授予并参与计划
(8) 预先的详细需求	(8) 只有概要需求
(9) 标准的需求文档说明书	(9) 需求以用户故事的方式被捕获
(10) 需求定义完后有限的客户协作	(10) 客户协作贯穿整个项目生命周期

当我们逐渐从传统测试过渡到敏捷测试时,看待问题和要解决的问题就发生了变化。很多以前无法解决的问题现在已经不是问题了,例如当前项目没有自动化测试怎么办,你要做自动化测试解决的问题是什么,阻碍你的是技术还是目标效果?

云层觉得你缺的不是技术,而是整体的理念。一旦要解决的问题目标清晰,再去选择解决问题的方法就更明确了。自动化测试的效果不好,不是通过提升自动化脚本的复杂度及适应性来解决,而是要找到影响自动化效果的不固定因素,规范前端或者接口甚至初期的设计规范,让被测对象适应测试框架,这才是解决问题的理念。针对错误的方式去适应错误,这样反而会导致出现更多错误。

这里引用行业的敏捷测试原则与指南。

原则 1:预防缺陷胜于发现缺陷。

指南 1:测试人员应聚焦在防止缺陷并帮助团队交付能够为客户产生价值的软件上。

指南 2:与团队中的开发人员结对。

原则 2:通过持续测试实现快速与高质量交付。

指南 1:尽早测试以减少风险。

指南 2:测试自动化,以便在每次代码嵌入之后执行测试,更快地得到软件运行状况的反馈。

原则 3:成为全栈测试人员。

指南 1:测试人员应不断提高技能。

指南 2:考虑测试中的非功能方面(性能、安全性等)。

指南 3:参与设计讨论。

指南 4:理解架构。

指南 5:学习测试人员怎样达到持续测试和交付。

- API 自动化
- UI 自动化
- 理解持续交付

原则 4:从质量保证转向质量协助。

指南 1:整个团队对质量负责,测试人员帮助团队确保正在开发高质量的软件。

指南 2:重点应放在实现团队目标上。

原则 5:渴望持续学习。

指南 1:找到更好的方式工作——自省和学习。

指南 2:失败应被看作学习的机会。

看完这些是不是觉得敏捷测试人员所做的工作是非常有挑战性的,这时候如果你还觉得测试行业没什么前途,那么应该认识到不是行业问题而是自己的问题。

10.2 Scrum 敏捷测试

如何在遵循 Scrum 体系的公司中推广敏捷测试体系？本节结合 Scrum 体系来分解一下配对的 Scrum 敏捷测试体系。

10.2.1 Scrum 流程

再来回顾一下,Scrum 流程如图 9-9 所示。

在标准的 Scrum 流程中测试要做什么事情呢？大家现在听到比较多的是左移和右移。从端到端的全生命质量活动来看,Scrum 3355 应该都需要参与。

10.2.2 对团队的要求

在敏捷中对团队的要求是自我管理、自我组织、共担责任和跨职能,测试作为敏捷团队的成员也需要做到这几点。

当团队开始走向敏捷的时候,第一,想清楚自己能帮助别人做什么,并且做到自己能解决自己的问题；第二,努力跟别人共同把事情推动起来,否则你永远是一个被动者。

在传统组织中有人带头来规划一件事情,其他成员只需跟随就可以了,而敏捷组织是共同面对问题,所有成员都可以提出自己的想法和建议,共同来解决问题。

举个例子,对于学习来讲,你觉得是如何解决问题的能力重要,还是如何构建看待问题、分析问题的能力重要？显然是看待问题、分析问题的能力更重要,这样才能面对各种问题,做到举一反三。

在实践敏捷的过程中团队共同构建能力,这才是应对变化的根本。

10.2.3 团队中测试的要求

以前说到测试技能时基本是指测试设计和缺陷提交,而现在没有对等的开发能力基本上是不行的。开发能力是指具备认知软件开发技术架构、流程、思想的能力,可以独立开发一些辅助工具甚至编写部分代码,便于团队中的沟通及解决问题。

敏捷团队强调能力标签而不是角色定义能力,如图 10-1 所示。

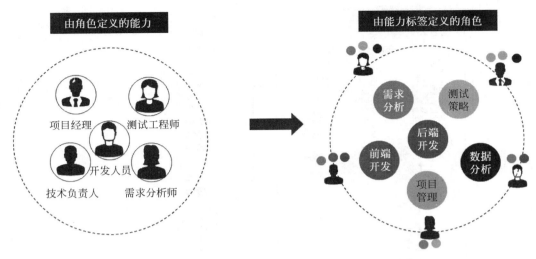

图 10-1　敏捷能力标签

在不同的公司,同样的职位对于能力的要求是不同的,研发能力强就需要测试人员在需求及策略上更为突出;研发能力较弱,就要求测试人员在自动化及前后端开发上的能力更为突出,所以当前有多少能力标签并不重要,重要的是能否根据项目情况动态地补充自己的能力,这也是为什么 IT 人员必须有持续学习的能力。

持续学习意味你需要和别人更多地沟通,发现自己的不足。如何找到和你互补的团队,如何跟别人更快地达成共识,这是构建自治团队时每个人都需要具备的能力。

云层作为咨询顾问在客户这里遇到的大多数情况是,当前的问题并不是一个部门的问题,不是简单地更换开发或者加强测试团队的某个技能就能解决的。在和客户沟通的过程中需要具备全栈的能力(需求、流程、DevOps、敏捷、测试、运维等),帮助梳理整个交付价值流的完整过程、对应的不足及相应的解决建议。

10.2.4　Scrum 敏捷测试流程

在 Scrum 中敏捷测试流程如图 10-2 所示,Sprint 前参与需求实例化,Sprint 中构建持续测试反馈。

这里着重注意 4 点。

(1)测试角色应该做什么事情,例如为每个故事去设置验收标准(AC)。

(2)在 Sprint 过程中和开发一起去做 CI/CD 的过程。

(3)做质量卡口,在卡口中确保我们能够演示。如在 Review 会议中做一个电梯演讲。

(4)要在回顾中发现问题,修复后做真正的版本发布。

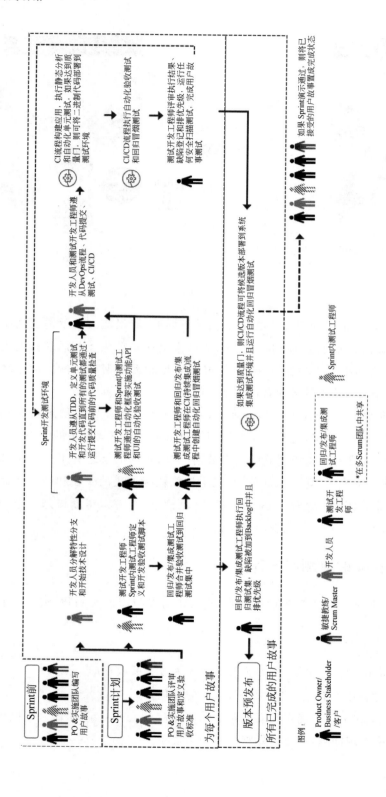

图 10-2　Scrum 敏捷测试流程

10.3　基于 Scrum 的基本测试

本节详细介绍在 Sprint 中测试的具体工作。

10.3.1　冲刺过程

看板模式将冲刺过程展开,如图 10-3 所示。

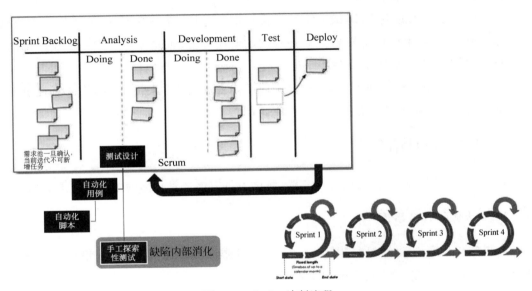

图 10-3　Sprint 冲刺流程

　　每次迭代都会构建对应的 Sprint Backlog,在所有对应的卡片交付后,本次迭代完成。看板管理迭代交付的好处是可以更加直观地了解迭代内的交付过程,帮助评估瓶颈及减少浪费。

　　在迭代任务开发前有一个分析(Analysis)的过程,开发需要针对已经实例化的需求进行开发设计,与之对应的测试也需要进行进一步分析。针对验收标准继续拆分测试用例,并且针对正反功能设计自动化用例,针对扩展部分设计探索性测试。

　　并行开发设计并确保设计从迭代开始,开发工作和测试工作是并行的,而在现实工作中迭代过程很容易回到瀑布模式,交付的不成熟导致每次迭代的测试时间及质量不达标,因此每次交付不合格的增量。随着迭代次数的增多,问题逐渐暴露,如果不及时解决,则会导致严重的错误。

测试设计部分除了测试用例的设计外还包括测试环境的准备和测试策略的设计。与开发人员共同评估每个任务交付的质量要求,构建符合分层自动化的多层自动化用例,尝试构建测试驱动开发形态,让质量内建的意识在开发过程中保持。配合持续集成或者持续交付流水线即可实现代码提交和自动化底层逻辑校验。每日构建自动打包,发布多套测试环境进行系统级自动化业务回顾及接口验证,保障每次代码增量的质量,从而让发布成为一个随时都在尝试的过程。

在尝试发布到预生产或者环境进行整体集成时,除了功能回归,还要考虑性能、安全等非功能需求,所以测试人员需要具备搭建、监控、管理测试环境的能力,便于获取日志、监控指标,并且给出对应的报告。

对于已发布上线的系统,测试也需要具备一定的监控、管理能力,便于评估生产问题,在内部环境重现,给生产环境规划自动化测试或监控方案,也是需要考虑的。这些都属于测试右移的部分,在后面的章节会详细介绍。

让冲刺阶级的测试与研发并行,让测试能够跟上交付速度快速反馈,为团队提供专业的质量保证架构是敏捷测试人员必备的基本技能。

10.3.2　每日站会

每日站会是同步项目情况的优秀实践,测试人员应该针对自己的工作做重点表达。

1. 昨天做了什么事情

如果昨天做了自动化脚本,则应介绍一下今天执行的结果,给出测试报告的主要数据和质量评价,让团队指导当前系统的质量评估。

2. 今天准备新增哪些测试脚本

今天准备针对哪些功能进行脚本开发,以及与开发同步工作的任务目标及计划,便于提高晚上回归测试的通过率。

3. 今天的工作存在哪些困难

在今天的工作中是否存在技术及进度的困难,对于无法校验的任务能否通过开发人员配合 Mock 跳过,或者作为技术债留在下次迭代时解决,甚至有什么好的想法能够帮助团队提升交付也可以在这里提出。

对于整个团队来讲,除了客户,测试是最好的评价系统进度及质量的角色,在站会中积极主动地表达所看到的问题,让团队对交付的质量和进度有准确清晰的了解,避免对交付过渡乐观。

10.3.3　评审会议

在评审会议上,需要进行产品交付前的评审,确认本次交付的内容是否能够实现。作为确认交付质量的测试,在整个评审会议上最适合来介绍本次交付的目标及实际交付的效果,让团队及相关干系人了解实际交付的情况。

确保评审会议演示成功,关键在于迭代冲刺中对任务的跟踪实现。为了确保演示与生产的一致性,演示的版本应该由流水线从对应的 Feature 分支上自动生成,与生产的区别只是一个配置项的区别,并且上线过程也是以自动化为核心的,消除由于人工发布所来带的上线版本与发布版本的差异。

在评审会议中还可以对本次交付的速度及下一次要交付的内容进行介绍及讨论。

10.3.4　回顾会议

回顾会议和传统的项目总结会议类似,主要针对本次迭代的内容进行总结。传统项目周期长,总结的范围广,想要调整的也多,效果没那么好。测试在回顾会议中可以回顾以下几点内容:

(1)生产上出现的故障及缺陷分析总结,给出导致这些问题的原因,帮助团队预防错误。

(2)介绍迭代中做得比较优秀的实践,便于团队以后能够更好地使用。

(3)迭代中出现的问题及阻碍,如何在后续的迭代中避免和优化。

(4)其他可以帮助优化交付的建议及新的探索。

在回顾的过程中,可以使用 5 次提问的方式获取问题的本质原因,例如第 1 次问为什么会出现生产上的业务错误? 导致业务错误的原因是生产数据中有脏数据。第 2 次问为什么生产环境中有脏数据? 因为以前代码中的 Bug 导致了错误的数据生成,后面通过手工修订的方式解决了部分问题。第 3 次问是什么原因导致出现了 Bug? 因为测试没有考虑到版本更新的不同步,新版本的数据发到旧版本系统上了。第 4 次问为什么测试没有考虑到版本同步的问题? 因为需求任务及开发没有同步,说明这里有不兼容项。第 5 次问为什么开发及需求没有同步? 因为新来的开发不知道这件事情。到这里就会发现连续问 5 次为什么,我们便可找到导致问题的原因,从而避免回顾会议的问题过于表面。

10.4　基于 Scrum 的测试左移

迭代交付中的质量可以保证交付能力本身,但是如果在 Sprint Backlog 中的任务本身就不具备足够高的质量,则会影响整个交付的结果,左移是进一步提升需求质量的步骤。

PO 对需求的把握及构建的能力一定是非常专业的,测试的左移不是去替代而是去补充,补充需求在质量方面的约束。

往往测试人员会更多地从异常、用户使用体验等方向给出独特的理解和建议,而这些正是左移与团队共通进行需求实例化的必要性。在测试左移中有两件事情特别重要,如图 10-4 所示。

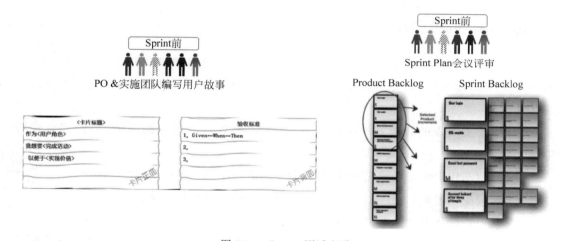

图 10-4　Scrum 测试左移

第一件事情是源头的需求阶段,当用户故事地图出来的时候,PO 作为整个价值的管理者应该和团队的所有人一起确定需求的内容。

一开始团队技术人员通常愿意和 PO 进行需求的实例化,但是在表达的过程中,产品过度表达自己交付的目标和压力,技术团队过分地强调技术细节,最终导致团队更多地愿意执行,而把实现的定义交给 PO。

在左移的实例化中,明确验收标准是测试最应该做到的内容,因为这一点可以帮助团队敏捷最终交付的验收点,针对流程,设计进一步的规划统一,便于下一步计划会议中的排期。

　　第二件事情是计划会议中的任务规模估算,在传统的迭代会议中,测试往往很少将自己的任务及风险放入迭代计划中,导致团队不了解或者没有意识到测试所需要的资源。在计划会议中,需要从 PB 中选择合适的任务进入 SB,测试应该与团队共同评估每个任务的实际工作量和复杂度,与团队一起给 PO 一个准确的估算来确保交付价值的最大化。

　　测试左移让质量在一开始就成为需求的一部分,甚至通过将质量意识传递给用户,以便从根本上解决问题。

　　例如防范小偷不是通过警察而是通过电子支付,防范支付诈骗是通过支付密码与支付提醒,再通过客户自身对电子支付的安全意识(指纹、人脸)等,最终让偷窃这个行业基本消失。

10.5　基于 Scrum 的测试右移

　　其实在 Scrum 体系中是没有右移的,只有在持续交付中才会将增量交付发布到生产上,如图 10-5 所示。

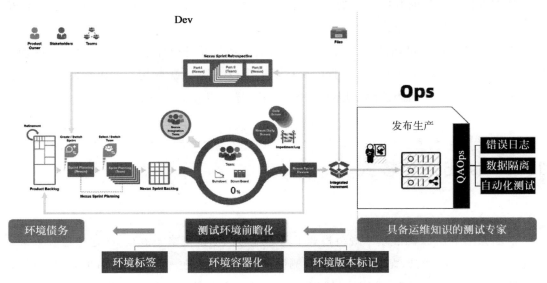

图 10-5　Nexus Scrum 体系的右移

　　在多团队 Scrum 的大公司中,往往多个团队在共同将增量交付到线上时,很容易由于模块之间的依赖,导致发布生产之后才发现问题。大规模上线前的测试环境要求太高或者某些行业无法实现预发生产与生产环境的同步,影响了内部测试的效果,很多问题无法在测试环境中重现及定位。

系统架构稳定性一般由网站可靠性工程师(Site Reliability Engineer,SRE)负责处理,而这一部分内容也和质量有关,只不过从传统的监控系统左移到了预防。

大多数公司有一套及以上的测试环境,例如常见的自动化测试环境、预发生产测试环境,在这些环境中,谁负责搭建、谁负责监控维护都是问题,而且生产也面临着对故障的分析及管理。在互联网公司,由于业务的特殊性和质量控制能力的提升,会放弃在内部通过测试环境来校验而直接将测试放在生产环境上进行,通过灰度发布及特性开关,让新功能只有部分用户可以访问,从而降低测试环境搭建及维护的成本,并且让测试执行更加有效。

另外,如何解决生产测试与内部测试之间的关系,如何提升内部测试的效果,例如通过引流脱敏数据构建测试环境自动化测试数据,通过用户埋点获取用户操作习惯,进一步构建人工智能测试模式,这些都是未来解决问题的一些思路。

所以在这些情况下作为掌握运维能力的测试专家,需要参与构建线上的监控及质量风控体系,进一步推动生产环境与测试环境的一致性及可测试性。例如测试环境的容器化及多套测试数据的自动生成,让迭代中的测试更加真实、有效地反映生产中的情况,甚至进一步推动在任务规划中将可测试性作为项目任务的一部分、框架的一部分进行设计,以及在项目初期就植入质量的基因。在架构初期植入能被测试的特征,从而降低测试的难度,最终提升测试的效率及质量。

例如提供生产端可用的内部白名单账号,从而绕过验证码体系,进行用户操作的抽样模拟;通过特征过滤让这类业务数据隔离在影子库,从而不会影响用户的正常使用,避免很多时候线上测试构建的测试数据最终被用户使用,导致意外情况的发生。

10.6　跳出规范模式

前面介绍了在 Scrum 基本规范模式下与之配对的测试策略与流程,在这些过程中重点是先做好冲刺时的测试,尤其是如何提升测试的自动化,再进一步与团队同步能力,做到敏捷团队要的整体,而左移需求实例化和右移生产测试都是建议在做好团队冲刺时的测试后再考虑的最加实践,进一步提升质量。

与团队能力同步的基础开发能力是所有进入敏捷团队所必须具备的,这样才能和开发人员使用同样的技术及表达方式沟通,并且在自己的专业领域给出有意义的指导,让团队喜欢你这样的专业测试。

　　同步认知需求、研发、运维,换到别人的角度去看待问题,那么就很容易发现和解决边界和边界之间的问题,从本质上打破阻碍交付效率的门槛。是否采用 Scrum 模式甚至是否采用敏捷模式都已经不重要了,因为并不是用了所谓的最佳实践就能解决问题。

　　按照"守、破、离"的理念先模仿流程,再找到与自身模式不匹配的特殊情况,最终脱离过去的模式并找到适合自己的体系,所以如何剪裁是敏捷测试的最终目标,让测试和团队一起敏捷起来,如图 10-6 所示。

图 10-6　敏捷测试总结

　　(1) 在过程中持续反馈,反馈速度只要足够快,结果基本不会出错。如左移明确如何开展测试,证明这个需求是我们要做的事情,目标价值持续统一。

　　(2) 交付后持续跟踪,发布生产后是否和设计一致,当环境发生变化时可能出现的情况。如右移中做好当前功能模块的校验,且往前看有哪些关联的模块会被影响。

　　回到敏捷测试理念,要做的是跟整个流程而不是某个过程,这是"万变不离其宗"的道理。

10.7　测试敏捷化

　　2018 年双态 IT 联盟协同行业大佬撰写并出版了《测试敏捷化白皮书》,其中就提到了如何使用敏捷思维帮助我们共建测试能力,对当前团队的能力从 4 个维度展开能力定义,如图 10-7 所示。

　　在组织上,我们从个体变成服务化,会有专门的测试教练;在文化上,从独立运行变成主动愿意支撑别人;在流程上,从测试流程跟踪变成研发测试运维全过程的跟踪;在技术上,从只做测试记录变成服务进行赋能,这都是在测试敏捷化中非常容易理解和想到的内容。

　　测试敏捷化还是敏捷测试化其实不重要,重要的是持续做测试并给出持续反馈。在保

图 10-7　测试敏捷化 4 象限

证质量的过程中不要简单地重复过程,而是要不断地找到中间可以优化的点,让持续测试变成持续做更好的测试,这样随着时间的推移问题自然会从大变小并逐个击破,而自身也会随着增长。在这个持续进步的过程中,随着解决问题的难度越来越高,自身的动力和进步也会越来越快,最终跳出舒适区文化,让持续学习成为生命的一部分。

10.8　如何做好敏捷测试

做好敏捷测试的关键其实是不忘初心,初心就是为交付高质量软件保驾护航。如果希望把事情做好,与其改变别人不如改变自己;如果你希望通过告诉他人这样做能做出来,最有效的手段是自己证明而不是去命令别人。

在工作初期,别人不能解决的技术问题你能解决,别人不会的工具框架你会使用,这样就能形成别人对你学习能力和应用能力的信任。在工作中期要学会总结,通过对案例的分析培养自己分析问题、描述问题和总结问题的能力,将自己解决问题的思路体系化和可赋能化,这样别人就可以通过你的文章或者讲解的视频来解决问题。在工作后期要靠眼光,如何在行业发展的过程中看到未来技术发展的规律和方向,为公司提供设计规划的建议,从整体角度去看待、解决问题,而不仅在技术细节上。

在做事时应尽量围绕业务价值,而不要简单地为了某个技术而去做某个技术,例如自动化测试到底走平台还是走代码,这是要根据团队情况考虑的。除了这些技术以外,如何主动地解决问题,如何构建领导力及沟通能力都是对应的软技能。

在这些前提下,你其实已经从一个简单的测试角色逐步上升到研发效能的思维模式上了,从我帮助公司交付一个正确的软件上升到了我帮助公司具备交付一个正确软件的工程能力。

最后要补充一点,无论如何都不会一路顺利,总有些问题是你无法改变和解决的,所以以平常心看待问题并接受失败是很重要的。

10.9　小结

敏捷测试并不是希望大家严格按照所谓的实践及模式套用,更多的是希望大家在懂敏捷(Know Agile)的前提下尝试使用敏捷的思维来实践敏捷(Be Agile),享受适应变化的当下。

10.10　本章问题

(1) 当前如何配合 PO 做好 Sprint Backlog?

(2) 如何改进当前 Sprint 下的测试瀑布模式?

(3) 如何在 Sprint 中构建测试环境规划?

第 11 章

基于量化的研发效能管理

7min

  量化是手段而不是目的,虽然量化监控会带来为了指标而达到指标的情况,但是没有量化很难找到优化的对象。

  本书用最后一章来讲解如何针对团队进行研发效能的度量,通过前面的持续反馈获得交付的数据信息,通过持续优化来完成迭代升级。

  在公司中为什么越是在交付后期越难,例如出了问题总是先责怪运维然后责怪测试,从公司的角度来看运维和测试是成本部门,压缩预算也看不出什么问题,而如果减少研发产品的预算,可能连软件都做不出来。如何让自己的价值被体现出来,如何基于合理的观察模式获取数据,并且通过数据来体现研发的过程价值,这是本章的重点。

  例如你学了某个课程后获得了技能提升,这个提升具体是什么? 其实你一下无法明确地量化其价值。如果跳槽的时候面试了你所掌握的新技能,你获得了这个职位并且薪资上涨,这时可以通过涨薪来量化这次技能提升的价值。在高端职位上,如果没有全面的知识基础,很难通过一个知识点的提升快速获得对应的价值回报,也是常说的要能延迟满足,通过相对更长的时间来感受价值的回报。

11.1 感性不如理性

  对于世界的认知,我们是通过感官观察实现的,正是因为观察本身的局限性从而导致我们看到的和真实的未必一致。

  不同模式获得的结果可能完全不同,例如比较有名的双缝干涉试验。当光线穿过两个平行狭缝时,在探射屏显示出一系列明亮条纹与暗淡条纹相间的图样,从而证明了光的波粒二象性。肉眼能够清晰地看到干涉条纹,而如果使用高速摄影机拍摄,却看不到干涉波纹。导致这个现象的原因是通过摄影机的观察模式会产生电磁干扰,导致干涉现象的消失。自从采用引力波观察后,发现直线也成为一种理想概念,在现实世界中是不可能存在直线的。

做个假设,有个圈正好将球形的地球严丝合缝地箍起来,如果将这个圈的周长增加1m,请问老鼠能不能穿过这个圈?

相信大家的第一直觉是按照地球的周长 4 万千米来算,周长增加 1m,半径能增加多少? 显然是不够的吧。

接着使用标准数学公式来计算一下,圆的周长公式为 $C=2\pi r$。如果周长增加 1m,则公式为 $1+C=2\pi r$,换成半径公式为 $r=(C+1)/2\pi$,π 约等于 3.14,公式变成 $r=(C+1)/2\times3.14=(C+1)/6.28$,拆解公式变成 $r=C/6.28+1/6.28$,即周长增加 1m,半径对应增加 $1m/6.28\approx0.1592m\approx0.16m$,相当于增加了 16cm。所以最终量化后的结果是老鼠可以穿过去,甚至一些猫都可以。

养成通过数据理性看待问题的习惯,如果想知道研发效能或者敏捷测试是不是越来越主流,看一下搜索引擎的关键字,看一看各大峰会的主题,看一看招聘要求,构建以数据为基础的认知模式。

11.2　研发效能下的度量指标

接着来介绍一下当下主流的研发效能指标。

11.2.1　研发效能度量

当前阿里的研发效能指标体系如图 11-1 所示。

研发效能的核心目标是快速高质量地交付价值的能力,分解为 3 方面。

1. 流动效率

一旦确定了当前需要交付的用户价值,就应尽快交付这个价值,缩短其交付周期。

一般我会问大家:"公司现在交付一个需求所需要的时间是多长,交付的频率是多小?"理论上来讲希望大家能做到随时随地地发布版本,也就是具备持续发布能力,需要全自动的流水线发布,需要全自动的质量保证,需要生产级的灰度能力。

流动效率需关注持续发布的能力和需求响应的能力,以及用户感受越快,响应越好。

2. 资源效率

资源效率即吞吐量。在流动效率的基础上,平衡资源效率。评估一个周期内的平均交

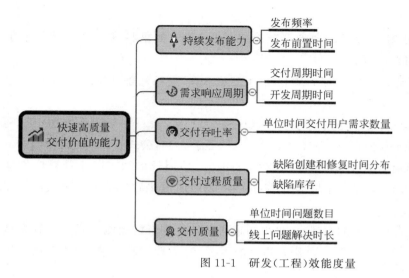

图 11-1　研发（工程）效能度量

付能力，与用户构建交付节奏。

3. 质量

质量其实是现在整个大环境下最难提升的内容，流动效率很容易提升，但是在流动效率下还要保证高质量就很困难了。一旦构建完整持续交付流水线后，如何确保高质量交付，如何确保质量团队的能力能够和研发的效率匹配，因为当下的测试团队能力和研发能力是不太匹配的。

传统的软件更新都是基于类似于光盘的介质，如果出现严重问题，修补的成本很高，所以质量为最高目标，哪怕不加新功能也要保证少出错。随着网络的发展，新功能、新特性与可靠性逐渐发生了偏移，非企业级应用以新功能为目标，出现问题可以通过快速在线更新的方式解决，只要对核心业务没有影响，小的功能 Bug 成为大家能接受的情况。

从 Windows 10 操作系统可以非常明显地感受到小补丁的更新频率，企业版 Windows 10 有专用的长维护稳定版本（LTSC），以稳定性为核心并强调质量，当然价格也不一样。

对于变化来讲，国外的整体文化更为适应，当前国内也在逐步跟进。特别在接受过互联网的冲击后会发觉，以用户价值为目标"真香"，尽可能满足用户需求才叫作质量的要求。如何在高速交付中保证质量是能力的体现，基于研发效能度量，阿里提出了自己的效能改进目标设定，部分团队的 211 愿景如图 11-2 所示。

第 1 个"2"指的是 2 周的交付周期，85％以上的需求可以在 2 周内交付；第 1 个"1"指的是 1 周的开发周期，85％以上的需求可以在 1 周内开发完成；第 2 个"1"指的是 1 小时的发布前置时间，提交代码后可以在 1 小时内完成发布。

2周

交付周期

从选择一个机会
到上线的时间

1周

开发周期

从需求就绪到可
上线的时间

1小时

发布前置时间

代码就绪到上线所
需要花费的时间

图 11-2　211 交付目标

11.2.2　交付能力定义

11.2.1 节讲了阿里的 211 愿景,要如何理解响应周期、交付周期和开发周期这些概念呢?把整个软件交付过程通过看板的模式可视化,就可以找到周期的定义,如图 11-3 所示。

响应周期、交付周期和开发周期

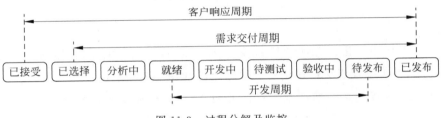

图 11-3　过程分解及监控

例如客户提出一个新增需求,并不是说客户提出需求就要进行交付,在这之前需要有一个接受状态,一旦接受就意味着进入 Product Backlog 开发池,等待合适的迭代规划。

需求交付周期就是我们常说的迭代规划(Sprint Backlog),在这两周的时间内要完成所有已选择的需求项。这里需要强调分析过程,将需要实现的业务需求实例化,并进一步经任务拆分团队确认后,进入就绪状态,从而进入开发周期。

例如去一家餐厅吃饭,你进入餐厅开始点餐为客户响应周期,一旦点餐结束提交订单就进入了需求交付周期,厨师会根据菜单内容来准备食材。如果正好遇到食材不够就会提出改菜,一旦菜品确认,那么做菜的过程就相当于开发周期,最后上菜就相当于需求交付周期。

11.2.3　燃尽图

在敏捷相关认证中,尤其是 ACP 认证会非常深地去考燃起图、燃尽图和累积流图。燃尽图是一种常见的评估团队交付情况的图,以开发的周期作为横轴 X,以交付的范围作为 Y 轴,每天站会后更新交付完成信息,例如完成任务个数(Completed Tasks)。

首先按照这次交付周期的时长和交付任务数做一条理想平均交付线,也就是图中的标准斜线,如图 11-4 所示。

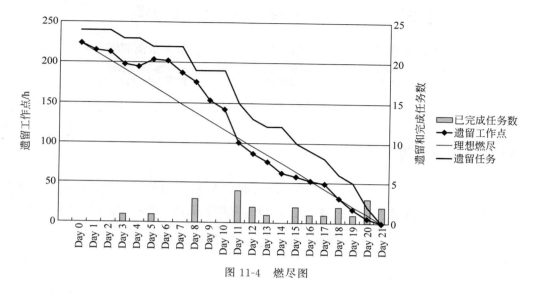

图 11-4　燃尽图

在每天的工作中标记已完成的任务数,构建动态的交付情况,从燃尽图中即可看到当前交付的情况,是快于理想交付还是慢于理想交付,如图 11-5 所示。

在这里需要注意的是一切都基于对任务的交付均分,如果和理想交付速度偏差很大,往往是因为任务过大或者估算不足导致的问题。通过多次迭代不断地优化自己的任务拆分能力及应对意外的能力,所以不用过分在乎是不是能准时交付,而应通过燃尽图正视交付的误差,放弃不切实际的交付期望。

燃尽图反映了收敛趋势,如果出现缺陷,则收敛趋势会降低。加班可以让收敛速度提升,一切变化都可以在燃尽图上得到体现。既然交付有很多意外,那么通过燃尽图来管理有什么用呢? 回顾敏捷的目标,提高管理能力才是最终的目标。

通过燃尽图发现了最终交付目标无法达成怎么办? 过去的做法都是放弃质量,以功能实现为核心目标,运气好点就会变成这样的情况,如图 11-6 所示。

如果研发效率低于预测速率,则为了在预测的交付周期内交付,只能通过加班和放弃某些特性来加速交付,带来的后果自然是技术债的累积,团队高强度工作后的疲态和自身技术的停滞。这就需要在后续的迭代交付中评估交付内容,平衡债务和交付价值的比例。

度量团队交付速度的目标不是为了让交付速度无限提高,而是为了让团队交付的速度稳定,对于研发来讲,一个准时、可靠的交付远比赶工出来的提前交付要重要,所以要通过多次迭代评估团队的平均交付速度,让管理能力更加可靠、准确,如图 11-7 所示。

通过燃尽图统计每次迭代交付的速度,通过多次迭代获取团队的交付平均值,便于未

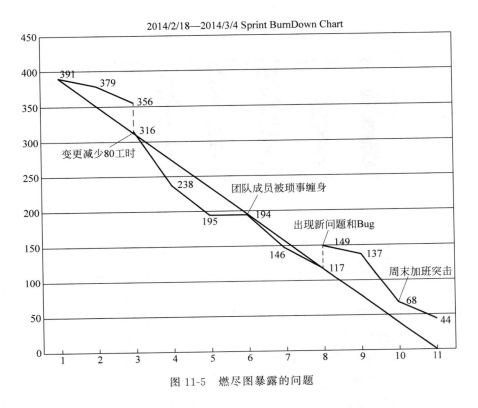

图 11-5　燃尽图暴露的问题

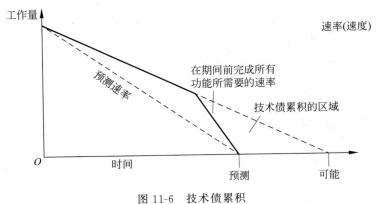

图 11-6　技术债累积

来估算交付能力。现实中比较困难的点在于团队人员是否稳定,往往好不容易走上正轨了,离职和转岗也就来了。

　　记得在 Agile Scrum Foundation(ASF)译本里提到在整个团队里会有个容错率,就是说当这个团队中的一个人离职或者请假之后,整个速度会有多大的变化,所以 ASF 强调团队的容错。容错是指当团队中有一两个人离职或者请假都不会影响平均速率,如果能够做

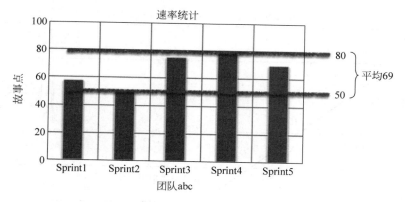

图 11-7　平均交付速度

到,那么团队就稳定了。其实在国外的文化中,少做事情往往是希望所有的员工都不要太忙,慢一点,他们都要稳定地工作,保持平均交付就可以了。因为不能接受误差,也不希望大家做得太快,太快做两天后大家就不愿意做了,人走了也不稳定,还不如稳定地交付。这样所有的部门都能正常运转,所以在敏捷中所谓的不加班文化的目标是什么? 不希望通过加班来产生非常大的速率变化,加班看起来很美好,但是在透支未来。

在国内会换个角度来看,你是希望整个人生很稳定,还是希望有起伏? 例如是在 23 岁到 30 岁积累人生 70% 的财富,还是从 23 岁到 45 岁积累人生 70% 的财富更好? 还是前者比较好,因为从通货膨胀角度来讲,越早获得回报可以更好地抵消通货膨胀。但是如果你不能在这个阶段维持或者合理投资并保持这些财富,那么当未来收入降低时生活就成了问题,IT 行业 35 岁后的职业危机也正是因为这点。

所以在软件研发中也存在着生存期和稳定期,在生存期中更多强调快速交付,生存优先,而在稳定期更希望低成本交付和稳定的速度。

11.2.4　累积流图

最后来讲一下累积流图,累积流图相对来讲比较复杂,通过累计流图可以直观地了解整个团队中各个任务所在的阶段,如图 11-8 所示。

在 Excel 中这是一个折线累积流图,通过不同颜色体现不同的状态,从上往下分别是就绪、实现中、实现完成、验证中、测试完成和已上线,怎么去看这个图呢? 需要注意以下几点。

第一,关注颜色和颜色之间的纵向距离,距离越小越好。距离越大说明在制品越多,也就意味着流动效率可能存在问题,甚至后续会出现等待状态。

第二,关注颜色和颜色之间的横向距离,距离越小越好。距离越大说明整个任务的交付过程时间越长,而过长的价值交付周期最容易出现过期的情况,该业务已经没有交付的意义了。

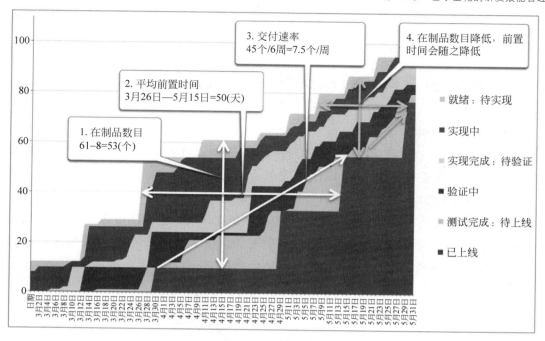

图 11-8　累积流图

第三,关注颜色的斜率,斜率越大越好。斜率越大说明团队在单位时间内处理的任务就越多,以及团队的交付速度越快。

累积流图给了我们比燃尽图更加直观的整体情况展示,可以说累积流图是看板更加直观的表达形式。

通过构建量化指标,可以发现基于传统预测型交付模式来交付当下变化的问题,为做什么、怎么做提供参考数据,如图 11-9 所示。

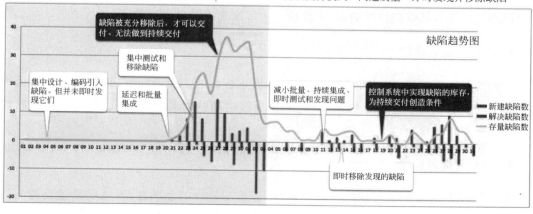

图 11-9　持续交付带来的高质量

11.3　量化质量构建持续交付

大多数 DevOps 或者敏捷的度量是基于团队的,因为这样可以避免追责和为了指标而应付指标的情况,但是如果想知道问题到底是怎么发生的,是需要进一步进行复盘,还是需要相当全面的量化跟踪,测试团队应该怎么针对质量制订量化指标?

很多时候测试团队会作为成本部门,因为很难估算发现一个问题所带来的价值,而生产级的故障损失又不完全是测试团队可以预防的。从质量角度来讲,围绕反馈来提供预警,通过数据来构建预防机制,通过数据来评估预防能力,是解决量化质量问题的一个思路,如图 11-10 所示。

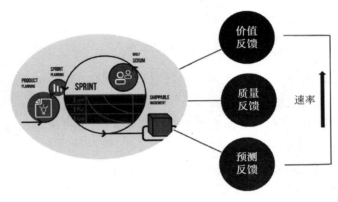

图 11-10　持续测试反馈

以持续反馈为基础的持续测试,主要从 3 个维度来提升自己的效率。

1．当前价值的反馈

当前交付的需求有多少被实现了,验收标准达标的有多少,这也是传统的需求覆盖率的概念。基于验收标准的快速价值反馈,能够及时给团队及客户交付范围的信息,从而让交付进度更加精确。

2．专业质量的反馈

当前软件在功能上的实现问题越来越少,而由于软件的复杂性,专业的质量反馈尤为突出。例如常见的用生产链路压测来评估系统的可靠性、系统安全防渗透、接口幂等性等,这都是专业质量的反馈。

3.预测未来的反馈

对于软件设计来讲过度的设计是没有必要的,这同样也适用于质量。在软件的使用生命周期中给出中长期的风险评估,来确保业务增长或者变化系统是否匹配。例如系统容量,随着业务的发展是否存在性能问题或者架构是否存在扩展风险。

持续测试体系的核心目标是持续地给出测试反馈,反馈的内容围绕业务实现、技术细节及时效性,反馈越快,所产生的价值越大。这也是做质量数据展示比做自动化测试框架可能更有意义的原因。

11.3.1　质量监控指标

从传统瀑布到 DevOps 交付,到底为交付带来了什么效果? 通过每个阶段的跟踪量化可以明显地发现效果,如图 11-11 所示。

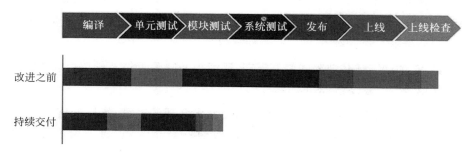

- 编译、开发、测试、部署上线全面加速,整体交付周期明显缩短
- 各角色可以基于统一的交付流水线紧密协作,产品交付过程可视化、可控制
- 每日多次发布的能力、故障快速回滚的能力

图 11-11　持续交付的效果和瓶颈

测试的周期一直是影响交付效率的核心瓶颈,通过可视化的监控比较持续交付的效果,可以清晰地看到交付效率的提升,而这一切的核心是测试速度的指标提升。

前面提到了测试执行效率的提升,进一步进入测试设计的提升,测试环境数据的提升,从专业角度继续拆分测试过程,构建测试量化指标体系。那么进一步展开测试过程,需要量化的指标有哪些呢? 如图 11-12 所示。

整个过程可以展开为测试设计、测试准备、测试执行和缺陷修复几个阶段,每个阶段都可以继续拆分为设计过程、开发准备过程和执行过程。

测试设计过程分为测试用例的设计过程及测试脚本的开发,这两个数据决定了最难优化的人工部分。在当前后续的过程大部分可以自动化的情况下,提升测试效率及质量都是

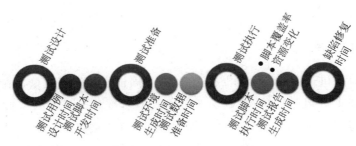

图 11-12　专业测试监控内容

在设计过程处理的。一般在后期会考虑通过精准测试来降低测试设计的时间,通过流量回放、大数据和人工智能来降低脚本开发的时间。

测试执行中执行脚本自动化是基础,而测试环境及数据强烈依赖于容器自动化运维及数据构建能力。通常测试数据通过测试数据生成平台或者同步生产脱敏数据的方式来解决,进一步通过单元测试构建测试数据会逐步成为能力内建的基础。

由于测试执行频繁,对于测试执行效率提出了更高的要求,以及时反馈依赖于构建更加底层的测试执行,从 UI 自动化逐渐过渡到接口再到单元加速测试执行速度,基于分布式提升测试执行的效率。

最后,对发现的缺陷评估缺陷的修复周期,逐渐提升缺陷反馈及缺陷修正的频率,从而提升一次成功率。

通过这些指标的监控并根据公司当前的情况做出合理的决策,指标的核心是给出数据参考,从而随时从投资回报比理念考虑并给出优化的决策。

11.3.2　测试中台

提到 DevOps 一般会提到对应的 DevOps 平台,可视化整个交付流程从而了解各个分支的所在状态,但是 DevOps 平台更像一个整体的流程可视化,对于专业的测试过程却无法更为详尽地管理。这也是大多数测试团队对 DevOps 的理解更多的是一个测试任务驱动的感觉,仍然需要持续测试平台、缺陷管理及测试设计模块的支撑。

那么,测试中台到底需要做什么,与 DevOps 平台又该如何结合呢? 测试中台应该更加细致地管理测试任务的调度及测试环境,如图 11-13 所示。

测试中台核心提供了测试任务调度的管理及对应结果的整理。在 DevOps 中,测试任务只是持续交付中的一个过程,在这个任务中涉及测试执行的统计、测试结果的分析和测试优化的评估,如何将质量反馈作为可以赋能团队的能力都是测试中台需要着重考虑的。

通过测试中台来接管测试环境的生成,从运维端申请测试基础环境,通过测试中台来

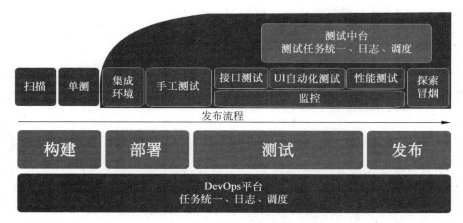

图 11-13　DevOps 平台和测试中台

构建对应标签的被测环境部署及监控,通过测试中台来构建测试端的环境构建及驱动。这样就可以让整个测试过程完全基于动态的自动化,让测试过程完全成为一个可以独立管理的阶段。

从 DevOps 平台接收所需要验证的分支和达到的标准,在验证完成后给出对应的报告并反馈 DevOps 平台基本的质量信息,从而成为持续测试能力的沉淀。各个项目中的测试角色只需根据自己的技术架构选择工具,对接到测试中台,通过测试中台驱动测试执行,通过测试中台来收集报告。

测试中台更多地应该成为承上启下的衔接,让质量遵守规范,让质量数据沉淀,让更多的设计来提升效率,而不是忙于执行。

11.4　总结

数据指标虽然是一个很不合理的客观评价手段,但是如果不能解决客观问题而只强调主观是不行的。为了避免过度应付指标的情况,这里并没有明确所有指标的制订模式,而更多的是希望能够构建度量自己当前情况的思路,并且提升一个维度,跳出执行的技术细节,更多关注要做什么的目标。

一旦目标明确,构建目标所需要的技术已经是一个非常成熟的方案,通过 Spring 体系构建测试中台,通过 ELK 来收集管理系统及测试日志,通过 Promethus 来完成被测环境的资源监控,通过 Jacoco 来完成被测系统的代码覆盖率,通过 VUE 来完成前台页面,通过

Grafana来完成测试执行情况的展示。根据公司的当前情况逐步构建质量反馈体系,让质量平台成为软件交付的伙伴。

11.5　本章问题

（1）当前公司在使用燃尽图的时候能发现哪些问题？

（2）如何帮助公司构建累积流图并且优化交付？

（3）当前测试流程如何优化并逐步展开？

后续　知行合一

从 Know Agile 到 Be Agile，做到知行合一是非常困难的。在自己面对人生中的各个阶段所遇到的问题时，在看到身边不同选择带来的不同结果时，面对变化去适应变化总是很困难的。正是因为能够跳出舒适区，不断地使用敏捷精益的思想去尝试，让自己随时具备应对变化的能力，这才是这本书想给大家带来的最终价值。

在职业成长的过程中，从解决眼前问题到发现问题的根源，再到尝试梳理过程控制问题，在这样的过程中会遇到越来越多的朋友，解决问题的成就感会成为推动继续进步的助推器。一旦养成持续成长、持续总结的习惯后，走在问题的前面，面对问题的挑战感会让你的职业发展由被动转化为主动。

主动权永远在自己手上，掌握多种解决问题的手段，这才是应对变化的核心竞争力。

▶ 7min

▶ 14min